工业和信息化普通高等教育"十三五"规划教材立项项目

普通高等学校计算机教育"十三五"规划教材

计算机应用实践

Computer Application Practice

张廷萍 周翔 主编

贺清碧 张颖淳 副主编

U0352825

人 民 邮 电 出 版 社

北 京

图书在版编目（CIP）数据

计算机应用实践 / 张廷萍，周翔主编. -- 北京：
人民邮电出版社，2019.9（2020.8重印）
普通高等学校计算机教育"十三五"规划教材
ISBN 978-7-115-51464-6

Ⅰ. ①计… Ⅱ. ①张… ②周… Ⅲ. ①电子计算机－
高等学校－教材 Ⅳ. ①TP3

中国版本图书馆CIP数据核字(2019)第173613号

内 容 提 要

全书共 5 章，内容包括键盘结构与指法练习、Windows 7 操作系统、电子文档处理、电子表格处理和演示文稿处理等。

本书适合作为高等院校信息类公共基础相关课程的教材，也可作为计算机等级考试的辅导教材，还可作为对计算机基础知识感兴趣的计算机爱好者及各类自学人员的参考书。

♦ 主　编　张廷萍　周　翔
　　副主编　贺清碧　张颖淳
　　责任编辑　张　斌
　　责任印制　陈　犇

♦ 人民邮电出版社出版发行　　北京市丰台区成寿寺路 11 号
　　邮编　100164　电子邮件　315@ptpress.com.cn
　　网址　http://www.ptpress.com.cn
　　北京鑫正大印刷有限公司印刷

♦ 开本：787×1092　1/16
　　印张：13.5　　　　　　　2019 年 9 月第 1 版
　　字数：363 千字　　　　　2020 年 8 月北京第 3 次印刷

定价：42.00 元

读者服务热线：(010) 81055256　印装质量热线：(010) 81055316
反盗版热线：(010) 81055315
广告经营许可证：京东市监广登字 20170147 号

前　言

　　本书是《计算机与互联网》的配套实践教材，旨在帮助读者深入认识、理解、掌握计算机的基本操作，学习课程要求的基本软件，进而应用软件解决实际问题。

　　本书以案例的形式依次介绍了键盘结构和指法练习、Windows 7 操作系统，以及 Office 2010 版常用组件 Word、Excel、PowerPoint 的应用。本书侧重于 Word、Excel、PowerPoint 三个模块的高级功能的综合应用，有助于培养和提高读者解决实际问题的能力。本书在编写过程中，注重适应课程多模式、个性化的具体要求，采用任务驱动及案例引导的方式完成实际的任务，每个案例都与我们的实际生活和工作息息相关，可以真正帮助我们解决实际问题。

　　本书由张廷萍、周翔担任主编，贺清碧、张颖淳担任副主编，全书由张廷萍、周翔统稿。此外，课程组的周建丽、胡勇、杨芳明、刘玲、刘华、刘颖、陈松、钟佑明、刘洋、姬长全等也参与了本书的规划，提出了许多宝贵意见和具体方案，并参加了收集资料等工作，在此一并表示感谢。

　　由于编写时间仓促，编者水平有限，书中不足之处在所难免，敬请广大读者批评指正。

编　者
2019 年 7 月

目　录

第1章　键盘结构与指法练习 …………1

1.1　键盘结构 …………………………1

1.1.1　实验目的 ……………………1

1.1.2　实验内容与操作步骤 ………1

1.1.3　实训 ………………………3

1.2　指法练习 …………………………3

1.2.1　实验目的 ……………………3

1.2.2　实验内容与操作步骤 ………3

1.2.3　实训 ………………………7

第2章　Windows 7 操作系统 …………8

2.1　Windows 的基本操作 ……………8

2.1.1　实验目的 ……………………8

2.1.2　实验内容与操作步骤 ………8

2.1.3　实训 ………………………22

2.2　Windows 的基本设置 ……………22

2.2.1　实验目的 ……………………22

2.2.2　实验内容与操作步骤 ………23

2.2.3　实训 ………………………27

2.3　Windows 的高级管理 ……………27

2.3.1　实验目的 ……………………27

2.3.2　实验内容与操作步骤 ………27

2.3.3　实训 ………………………33

第3章　电子文档处理 …………………34

3.1　简单文档的处理 …………………34

3.1.1　实验目的 ……………………34

3.1.2　实验内容与操作步骤 ………34

3.1.3　实训 ………………………52

3.2　图文混排的文档制作 ……………55

3.2.1　实验目的 ……………………56

3.2.2　实验内容与操作步骤 ………56

3.2.3　实训 ………………………85

3.3　长文档的制作 ……………………91

3.3.1　实验目的 ……………………91

3.3.2　实验内容与操作步骤 ………91

3.3.3　实训 ………………………103

3.4　邮件合并及域的使用 ……………108

3.4.1　实验目的 ……………………108

3.4.2　实验内容与操作步骤 ………109

3.4.3　实训 ………………………120

3.5　文档审阅与修订 …………………122

3.5.1　实验目的 ……………………122

3.5.2　实验内容与操作步骤 ………123

3.5.3　实训 ………………………125

第4章　电子表格处理 …………………128

4.1　创建与编辑电子表格 ……………128

4.1.1　实验目的 ……………………128

4.1.2　实验内容与操作步骤 ………128

4.1.3　实训 ………………………140

4.2　公式和函数的使用 ………………141

4.2.1　实验目的 ……………………141

4.2.2　实验内容与操作步骤 ………141

4.2.3　实训 ………………………149

4.3　数据的图表化 ……………………149

4.3.1　实验目的 ……………………149

4.3.2　实验内容与操作步骤 ………150

4.3.3　实训 ………………………159

4.4　数据处理 …………………………161

4.4.1　实验目的 ……………………161

4.4.2　实验内容与操作步骤 ………161

4.4.3　实训 ………………………174

第5章　演示文稿处理 …………………175

5.1　创建演示文稿 ……………………175

5.1.1　实验目的 ················· 175

5.1.2　实验内容与操作步骤 ·········· 175

5.1.3　实训 ··················· 184

5.2　编辑演示文稿 ················ 184

5.2.1　实验目的 ················· 185

5.2.2　实验内容与操作步骤 ·········· 185

5.2.3　实训 ··················· 197

5.3　演示文稿的动画与链接 ·········· 198

5.3.1　实验目的 ················· 199

5.3.2　实验内容与操作步骤 ·········· 199

5.3.3　实训 ··················· 202

5.4　演示文稿的放映与审阅 ·········· 202

5.4.1　实验目的 ················· 202

5.4.2　实验内容与操作步骤 ·········· 203

5.4.3　实训 ··················· 210

第1章
键盘结构与指法练习

　　键盘是计算机系统最基本的输入工具之一，由一系列按键开关组成。用户通过操作键盘向计算机发布指令，输入英文字母、数字、字符和标点符号等信息。本章将对键盘的结构及指法练习进行讲解。

1.1　键盘结构

1.1.1　实验目的

（1）了解键盘的分区。
（2）掌握操作键盘的规则。
（3）掌握操作键盘的方法。

1.1.2　实验内容与操作步骤

【实例 1.1】　使用记事本录入重庆交通大学校歌，进行文本录入练习，如图 1-1 所示。

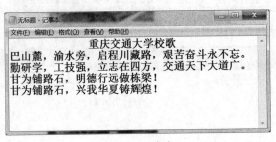

图 1-1　记事本

　　操作步骤如下。
　　步骤 1：启动计算机系统，观察启动过程中出现的信息。
　　步骤 2：选择"开始"→"所有程序"→"附件"→"记事本"菜单项，打开记事本应用程序，并录入文本。
　　步骤 3：选择"文件"→"保存"菜单项，选择保存路径为 D 盘，输入文件名"重庆交通大学校歌"，保存文件。
　　步骤 4：关闭记事本。

【**实例 1.2**】 使用数字键盘操作计算器进行简单的数学运算，如图 1-2 所示。

图 1-2 计算器

操作步骤如下。

步骤 1：选择"开始"→"所有程序"→"附件"→"计算器"菜单项，打开计算器应用程序，使用数字键盘进行简单的数学运算。

步骤 2：关闭计算器。

📖 知识要点：键盘的基本结构

根据各按键的功能，常见的键盘可以分成 5 个键位区，如图 1-3 所示。

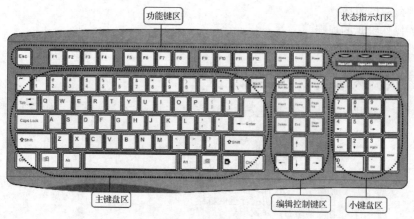

图 1-3 键盘结构图

1. 功能键区

功能键区位于键盘的最上方。其中，Esc 键常用于取消已执行的命令或取消输入的字符，在部分应用程序中具有退出的功能；F1～F12 键的作用在不同的软件中有所不同，F1 键常用于获取软件的"使用帮助"信息。

2. 主键盘区

主键盘区包括字母键、数字键、控制键和 Windows 功能键等，是打字的主要区域。

Ctrl+空格键：中英文输入法之间的切换。

Ctrl+Shift 组合键：各种输入法之间的切换。

3. 编辑控制键区

编辑控制键区一般位于键盘的右侧，主要用于在输入文字时控制插入光标的位置。

4．小键盘区

小键盘区又称为数字键区，主要功能是快速输入数字，一般由右手控制输入，主要包括 Num Lock 键、数字键、Enter 键和符号键。

5．状态指示灯区

状态指示灯区有 3 个指示灯，主要用于提示键盘的工作状态。其中，Num Lock 灯亮时表示可以使用小键盘区输入数字；Caps Lock 灯亮时表示按字母键时输入的是大写字母；Scroll Lock 灯亮时表示屏幕被锁定。

1.1.3　实训

利用写字板，录入重庆交通大学校训（可通过百度等方式搜索校训）并保存，录入文字时请保持正确的打字姿势。

1.2　指法练习

操作键盘时，双手的十个手指有正确的分工，只有按照正确的手指分工操作才能提高录入速度和正确率。正确的击键方法有助于提高打字速度。尤其是初学者，更应该练习"盲打"（即不看键盘），否则一旦养成错误的习惯就很难纠正。

1.2.1　实验目的

（1）掌握操作键盘的正确姿势。
（2）掌握手指分工的方法。
（3）掌握正确的击键方法。

1.2.2　实验内容与操作步骤

【实例 1.3】　使用金山打字通 2016，练习键盘指法，如图 1-4 所示。

图 1-4　金山打字通

操作步骤如下。

步骤 1：选择"开始"→"所有程序"→"金山打字通 2016"菜单项，启动"金山打字通 2016"

软件。

步骤 2：新手入门练习。单击"新手入门"图标，在打开的图 1-5 所示的"新手入门"界面中了解打字常识、字母键位、数字键位、符号键位等。

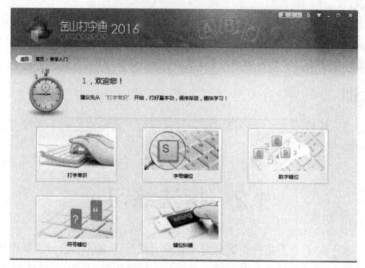

图 1-5 "新手入门"界面

步骤 3： 英文打字练习。

英文打字练习是针对初学者掌握键盘而设计的练习模块，它能快速有效地提高使用者对键位的熟悉度和打字的速度。"英文打字"界面包含单词练习、语句练习和文章练习 3 个图标，单击相应图标即可进入相应的练习空间，如图 1-6 所示。

图 1-6 "英文打字"界面

步骤 4： 拼音打字练习。

拼音打字练习是针对中文初学者掌握键盘而设计的练习模块，它能快速有效地提高使用者对键位的熟悉度和打字的速度。"拼音打字"界面包含拼音输入法、音节练习、词组练习和文章练习 4 个图标，单击相应图标即可进入相应的练习空间，如图 1-7 所示。

图 1-7　"拼音打字"界面

📖 知识要点：键盘的基本操作

1. 正确的打字姿势

打字之前一定要端正坐姿。如果坐姿不正确，不但会影响打字速度，而且还很容易疲劳、出错。正确的坐姿应该如图 1-8 所示。

（1）两脚平放，腰部挺直，两臂自然下垂，两肘靠近身体两侧。

（2）身体可略微向前倾斜，离键盘的距离为 20～30cm。

（3）打字文稿放在键盘左边，或用专用夹夹在显示器旁边。

（4）打字时眼观文稿，身体不要跟着倾斜。

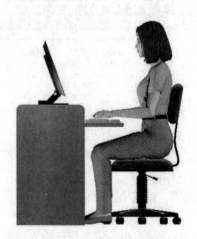

图 1-8　正确的打字姿势

2. 正确的击键方法

（1）击键前将双手轻放于基准键位上，双手大拇指轻放于空格键位上。

（2）击键时，手指略微抬起并保持弯曲，以指头快速击键。

击键时应以指头快速击键，而不要以指尖击键；要用手指"敲"键位，而不是用力按。

（3）敲键盘时，只有击键手指才做动作，其他手指放在基准键位不动。

（4）手指击键要轻，瞬间发力，提起要快，击键完毕手指要立刻回到基准键位上，准备下一次击键。

📖 知识要点：键盘指法

1. 键盘指法要求

（1）10 个手指均规定有自己的操作键位区域，任何一个手指都不得去按不属于自己分工区域的键。

（2）要求手指击键完毕后始终放在键盘的起始位置上，起始位置就是键盘上三行字母键的中间一行位置，8 个手指分别置于这一行的 ASDFJKL;键上，大拇指置于空格键上。这样有利于下一次击键时定位准确。

（3）各手指在计算机键盘上的指法分工如图 1-9 所示。

每一只手指都有其固定对应的按键：左小指——QAZ；左无名指——WSX；左中指——EDC；左食指——RFVTGB；右食指——YHNUJM；右中指——IK,；右无名指——OL.；右小指——P;/；大拇指——空格键。

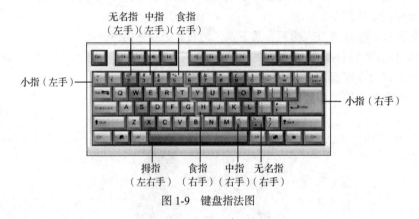

图 1-9　键盘指法图

2. 练习打字的方法

（1）打字前要把手指按照分工放在正确的键位上。

（2）平时要有意识地慢慢记忆键盘上各个字符的位置，体会不同键位上的字键被敲击时手指的感觉，逐步养成不看键盘的输入习惯。

（3）练习打字时必须集中注意力，做到手、脑、眼协调一致，尽量避免边看原稿边看键盘，这样容易分散记忆力。

（4）练习打字时，即使输入的速度慢，也一定要保证输入的准确性。

📖 知识要点：汉字输入热键技巧

1. 输入法的切换

按 Ctrl+Shift 组合键，可在已安装的输入法之间进行输入法切换。

2. 打开/关闭中文输入法

按 Ctrl+Space 组合键，可以实现英文输入和中文输入之间的切换。

3. 全角/半角切换

按 Shift+Space 组合键，可以进行全角和半角的切换。

📖 知识要点：鼠标的基本操作

鼠标是计算机中主要的输入设备之一，其操作简单、快捷。常用的二键鼠标有左、右两键，左按键又叫作主按键，大多数的鼠标操作是通过主按键的单击或双击完成的；右按键又叫作辅按键，主要用于一些专用的快捷操作。鼠标的基本操作包括下面 5 种。

（1）指向：移动鼠标，将鼠标指针移到操作对象上。

（2）单击：快速按下并释放鼠标左键。单击一般用于选定一个操作对象。

（3）双击：连续两次快速按下并释放鼠标左键。双击一般用于打开窗口或者启动应用程序。

（4）拖动：按下鼠标左键，移动鼠标到指定位置，再释放按键的操作。拖动一般用于选择多个操作对象，复制或移动对象等。

（5）右键单击：快速按下并释放鼠标右键。单击右键一般可打开一个与操作相关的快捷菜单。

📖 知识要点：金山打字通

金山打字通是专门为上网初学者开发的一款软件。它可以针对用户的水平定制个性化的练习课程，每种输入法均从易到难提供单词（音节、字根）、词汇以及文章循序渐进练习，并且辅以打字游戏。

金山公司从 2002 年起，陆续推出了金山打字通的各种版本，本书选用版本为金山打字通 2016 版，完全能满足实验需求。

1.2.3　实训

（1）利用金山打字通 2016 完成一篇英文文章的练习，时间为 5min，记录打字速度和正确率。

（2）利用金山打字通 2016 完成一篇中文文章的练习，时间为 5min，记录打字速度和正确率。

第2章
Windows 7 操作系统

操作系统是管理和控制计算机各种资源（包括硬件资源和软件资源）的系统软件，是计算机和用户的接口。操作系统一般应具有进程管理（处理机管理）、存储管理、设备管理、文件管理和作业管理五大功能。从系统角度来看，操作系统是对计算机进行资源管理的软件；从软件角度来看，操作系统是程序和数据结构的集合；从用户角度来看，操作系统是用户使用计算机的界面。

Windows 7 是由微软（Microsoft）公司开发的计算机操作系统，同时也是最常用的计算机操作系统之一。本章以 Windows 7 为例详细介绍操作系统的应用。

Windows 7 的版本有家庭普通版（Home Basic）、家庭高级版（Home Premium）、专业版（Professional）、旗舰版（Ultimate）等。

2009 年 7 月 14 日，Windows 7 正式开发完成，并于同年 10 月 22 日正式发布。2015 年 1 月13 日，微软公司正式终止了对 Windows 7 的主流支持，但仍然继续为 Windows 7 提供安全补丁支持，直到 2020 年 1 月 14 日才正式结束对 Windows 7 的所有技术支持。

2.1 Windows 的基本操作

2.1.1 实验目的

（1）掌握 Windows 窗口、对话框及菜单的基本操作方法。
（2）掌握"开始"菜单内容的添加与删除方法。
（3）掌握任务栏的相关操作方法。
（4）掌握文件及文件夹的创建、复制、移动、删除、更名、属性设置及搜索方法。
（5）掌握截图工具的应用方法。

2.1.2 实验内容与操作步骤

【实例 2.1】 添加或删除"开始"菜单中的项目。
操作步骤如下。
步骤 1：要添加"截图工具"到"固定程序"列表中，可选择"开始"→"所有程序"→"附件"→"截图工具"菜单项。
步骤 2：然后单击鼠标右键，从弹出的快捷菜单中选择"附到「开始」菜单"菜单项，如图2-1 所示。

图 2-1　附到「开始」菜单

步骤 3：单击"所有程序"菜单中的"返回"按钮，返回"开始"菜单，可以看到"截图工具"已添加到"开始"菜单的"固定程序"列表中，如图 2-2 所示。

图 2-2　成功添加项目至"开始"菜单

步骤 4：删除"固定程序"列表中的"截图工具"菜单项，可用鼠标右键单击"固定程序"列表中的"截图工具"菜单项，从弹出的快捷菜单中选择"从「开始」菜单解锁"菜单项，如图 2-3 所示。

图 2-3　从"开始"菜单中删除项目

步骤 5：打开"开始"菜单，可以看到"截图工具"程序已经从"固定程序"列表中删除了。

【实例 2.2】　任务栏的相关操作。

操作步骤如下。

步骤 1：打开"开始"菜单，鼠标右键单击"Internet Explorer"菜单项，在弹出的快捷菜单中选择"锁定到任务栏"菜单项，如图 2-4 所示。

图 2-4　将应用程序锁定到任务栏

步骤 2：打开"开始"菜单，按住鼠标左键拖动"腾讯 QQ"菜单项至"任务栏"中，如图 2-5 所示。

图 2-5　将应用程序图标添加至任务栏

用上述两种方法也可将桌面上的应用程序添加到任务栏中。

步骤 3：单击任务栏中的"腾讯 QQ"图标，可快速打开该应用程序。

步骤 4：在任务栏上，使用鼠标右键单击"腾讯 QQ"图标，在弹出的快捷菜单中选取"将此程序从任务栏解锁"菜单项，则可将该应用程序图标从任务栏中删除，如图 2-6 所示。

图 2-6　从任务栏中删除图标

步骤 5：右键单击任务栏的空白区域，在弹出的快捷菜单中选择"属性"命令，打开图 2-7 所示的"任务栏和「开始」菜单属性"对话框。

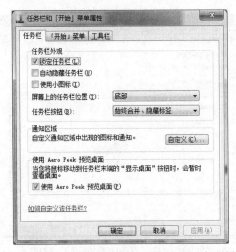

图 2-7　"任务栏和「开始」菜单属性"对话框的"任务栏"选项卡

步骤 6：单击"通知区域"的"自定义"命令按钮，打开图 2-8 所示的"选择在任务栏上出现的图标和通知"窗口。

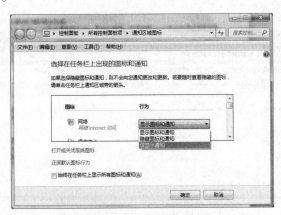

图 2-8　"选择在任务栏上出现的图标和通知"窗口

步骤7： 该窗口的列表框中列出了各个图标及其显示的方式，每个图标都有3种显示方式，这里在"网络"图标右侧的下拉列表中选择"仅显示通知"选项。

步骤8： 设置完毕后单击"确定"按钮，返回"任务栏和「开始」菜单属性"对话框，依次单击"应用"按钮和"确定"按钮。

步骤9： 可以看到任务栏中"网络"图标已经在通知区域消失。

【实例2.3】 打开和关闭系统图标。

"时钟""音量""网络""电源"和"操作中心"等5个图标是系统图标，用户可以根据需要将其打开或者关闭。

操作步骤如下。

步骤1： 打开"选择在任务栏上出现的图标和通知"窗口，单击"打开或关闭系统图标"链接。

步骤2： 在弹出的"打开或关闭系统图标"窗口中间的列表框中，可以设置5个系统图标的"行为"，例如，在"音量"图标右侧的下拉列表框中选择"关闭"选项，如图2-9所示，即可将"音量"图标从任务栏的通知区域中删除并关闭通知。

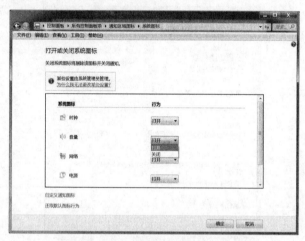

图2-9 "打开或关闭系统图标"窗口

📖 **知识要点：Windows 窗口的基本元素**

图2-10所示为Windows窗口的基本元素，具体介绍如下。

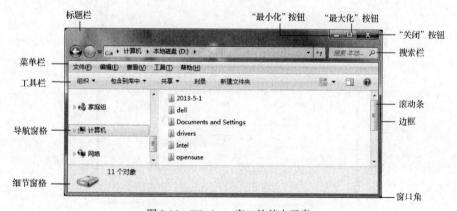

图2-10 Windows 窗口的基本元素

1. 标题栏

用鼠标双击标题栏可使窗口最大化；用鼠标拖动标题栏可移动整个窗口。

2. 搜索栏

将要查找的目标名称输入搜索栏文本框中，然后按回车键或单击"搜索"按钮即可进行搜索。

3. "最大化/恢复""最小化"和"关闭"按钮

单击"最小化"按钮，窗口缩小为任务栏上的一个按钮，单击任务栏上的按钮又可恢复窗口显示；单击"最大化"按钮，窗口显示为最大化，同时该按钮变为"恢复"按钮；单击"恢复"按钮，窗口恢复原先的大小，同时"恢复"按钮变为"最大化"按钮。

4. 菜单栏

菜单栏提供了一系列的命令，帮助用户完成各种应用操作。若菜单栏没有出现，可单击"组织"→"布局"→"菜单栏"选项，使之成为选取状态。

5. 工具栏

工具栏为用户提供了一种快捷的操作方式，工具栏中存放着用户常用的工具命令按钮。

6. 滚动条

当窗口无法显示所有内容时，窗口的右侧和底部会自动出现滚动条。

7. 窗口角和窗口边框

将鼠标移动到窗口的边缘或角部时，鼠标指针变为双向箭头，此时按住鼠标左键拖动可任意改变窗口的大小。

8. 导航窗格

Windows 7 的导航窗格一般包括"收藏夹""库""计算机"和"网络"4 个部分。单击前面的箭头按钮可以打开相应的列表，选择该项既可以打开列表，还可以打开相应的窗口，方便用户随时准确地查找相应的内容。

9. 细节窗格

细节窗格主要用于显示选中对象的详细信息。

📖 **知识要点：对话框中的常见部件**

当用户选择了菜单中带有省略号（…）的命令后，将会弹出一个对话框。对话框是 Windows 和用户进行交流的一个界面。对话框中常见的部件及操作如下。

1. 命令按钮

直接单击相关的命令按钮，可完成对应的命令。如"确定"按钮表示确认对话框中的设置。

2. 文本框

单击文本框，插入点光标（一个闪动的竖线）会显示在文本框中，此时可在文本框中输入内容或者修改内容。

3. 列表框

列表框中显示的是可供用户选择的项目，用鼠标单击所需的项，则表示选定该项。

4. 下拉列表框

用鼠标单击下拉列表框右侧的倒三角形按钮▼，会出现一个列表框，单击列表框中所需的项，该项显示在正文框中，表示选定该项。

5. 复选框

复选框是前面带有一个小方框并且可同时选择多项的一组选项。单击某一复选项目，则会在该项目前的小方框内打上"√"，表示选定了该项，再次单击该项，则该项前面的小方框内的"√"消失，表示取消该项的选定。

6. 单选按钮

单选按钮是前面带有一个小圆框并且只能选择其中之一的一组选项。单击所要选择的项，则会在该项前面的小圆框内出现一个小黑点，表示该项被选定了。

7. 增量按钮

通常用于设定一个数值。单击正三角形按钮表示增加数值，单击倒三角形按钮表示减少数值。

📖 知识要点：关于菜单的约定

1. 暗淡的菜单

暗淡的菜单命令表示在当前状态下该命令不可用。

2. 带下画线字母

如果命令右侧有一个带下画线的字母，则表示在该下拉菜单出现的情况下，在键盘上键入该字母则可选定该命令项。

3. 命令的快捷键

如果命令右侧有一组快捷键，如"Ctrl+A"，则使用 Ctrl+A 快捷键可以不通过菜单项的选取而快速地执行命令。

4. 带出对话框的命令

如果命令后面有省略号"…"，表示选择了此命令后，将弹出一个对话框。

5. 命令的选中标记

当选择了某一命令后，该命令的左边出现一个"√"标记，表示该命令项处于被选中状态；再次选择该命令项，命令项左边的"√"标记消失，表示已取消该命令项的选中状态。

6. 单选命令的选中标记

有的菜单中，用横线将命令项分隔为多组，某些组中只能有一个命令被选中。选择某一项后，则会在该项的左侧标记一个"●"，表示该项已被选中。

7. 级联式菜单

如果命令右侧有一个向右的三角箭头，则选择此命令后，其右侧会出现另一个菜单供用户选择。

8. 快捷菜单

Windows 系统中，在桌面的任何对象（如图标、窗口等）上单击鼠标右键，将出现一个弹出式菜单，此菜单称为快捷菜单。使用快捷菜单可快速操作对象。

📖 知识要点：Windows 的桌面组成

Windows 的桌面如图 2-11 所示，主要由下面几部分组成。

1. Windows 的常用图标

Windows 常用的图标有"用户的文件""计算机""网络""回收站"等。

（1）"用户的文件"极大地方便了用户文档的集中有序管理。

（2）"计算机"窗口包含了用户计算机中的所有资源。用户在"计算机"窗口中可以查看用户计算机所有驱动器中的文件，以及设置计算机的各种参数等。

（3）用户使用"网络"窗口可以查看基本的网络信息并设置连接，可以查看目前的活动网络，还可以更改网络设置。

（4）"回收站"用于暂时保存已删除的硬盘文件信息。"回收站"实际是硬盘中用来暂存被删除文件、图标或文件夹的空间，用户可以修改其大小。

图 2-11 Windows 的桌面组成

2. 添加图标

刚安装完成的 Windows 7 桌面上只有"回收站"一个图标，用户可以通过手动的方式将其他的系统图标添加到桌面上。具体操作如下。

（1）在桌面空白处单击鼠标右键，从弹出的快捷菜单中选择"个性化"菜单项。

（2）在"更改计算机上的视觉效果和声音"窗口的左侧窗格中选择"更改桌面图标"选项。

（3）在"桌面图标设置"对话框中，根据自己的需要在"桌面图标"组合框中选择需要添加到桌面上显示的系统图标。

（4）依次单击"应用"和"确定"按钮后，关闭该窗口。

3. "开始"菜单

"开始"按钮位于桌面的左下角，单击"开始"按钮，即可打开"开始"菜单。"开始"菜单的各命令功能如下。

（1）所有程序：显示可执行程序的清单。

（2）用户的文档：可以用来保存用户的信件等各种文档。

（3）计算机：查看连接到计算机的硬盘和其他硬件。

（4）控制面板：显示或更改系统的各项设置。

（5）搜索：查找文件/文件夹、计算机，或在 Internet 上查找。

（6）帮助和支持：获得系统的帮助信息和技术支持。

（7）文档：访问信件、报告、便签及其他类型文档。

（8）图片、音乐和游戏：管理和组织数字图片、音频文件和游戏。

（9）关机：关机、注销、锁定、睡眠和重新启动计算机。

4. 任务栏

任务栏位于桌面底部，如图 2-12 所示，主要包括应用程序锁定区、窗口按钮区以及包含时钟、音量等标识的通知区域。

图 2-12 任务栏

（1）单击应用程序锁定区中的按钮可以快速打开对应的窗口。

（2）每一个打开的窗口在任务栏上都有一个对应的按钮。单击任务栏上对应窗口的按钮就可以将该窗口切换为当前窗口，从而轻松实现多应用程序窗口之间的切换。也可以在任务栏上用鼠标右键单击某个应用程序窗口对应的按钮，然后在弹出的快捷菜单中选择相应的命令项来实现窗口的各种操作。

（3）通知区域有输入法指示器、音量指示器等。单击输入法指示器，可以打开输入法菜单，如图 2-13 所示，单击所需的输入法选项就可实现输入法的切换。当用户选择了一种中文输入法（如搜狗五笔输入法）之后，就会显示图 2-14 所示的输入法状态栏。输入法状态栏上的每个按钮都有与之对应的功能，与具体输入法有关，在此不再介绍。单击音量指示器，可以调节音量，选定或取消静音，如图 2-15 所示。

图 2-13　输入法菜单　　　　　　图 2-14　输入法状态栏　　　　图 2-15　音量开关

（4）单击任务栏最右侧的时间显示，可以打开"日期/时间属性"对话框，在该对话框中既可以了解或设置系统的日期、时间及时区，也可以设置"定时关机"或"添加倒计时"。

【实例 2.4】　文件的创建、复制、更名、属性设置。

要求：在 D 盘根目录下创建 3 个文件夹，分别命名为"作业""娱乐"和"实验"；在"作业"文件夹下创建一个名为"作业_计算机"的空文本文档；将文件"作业_计算机"复制到文件夹"实验"中，并将它更名为"实验_计算机"，设置其属性为"只读"。

操作步骤如下。

步骤 1： 选择"开始"→"所有程序"→"附件"→"Windows 资源管理器"菜单；或在"开始"按钮上单击鼠标右键，在弹出的快捷菜单中选择"打开 Windows 资源管理器"命令项，打开"资源管理器"窗口。

步骤 2： 在资源管理器的左窗格中，单击 D 驱动器。

步骤 3： 选择"文件"→"新建"→"文件夹"菜单。也可在工作区空白处单击鼠标右键，在弹出的快捷菜单中选择"新建"→"文件夹"命令。

步骤 4： 从键盘输入新建文件夹的名称——"作业"。

步骤 5： 按上述方法再新建两个文件夹——"娱乐"及"实验"。

步骤 6： 在资源管理器的左窗格中单击"作业"文件夹，选择"文件"→"新建"→"文本文档"命令，并将其命名为"作业_计算机"。

步骤 7： 在右窗格中右键单击"作业_计算机"文件，在弹出的快捷菜单中选择"复制"命令。或选定"作业_计算机"文件后，单击"编辑"→"复制"菜单；或选定"作业_计算机"文件后，使用 Ctrl+C 组合键。

步骤 8： 在左窗格中单击选定"实验"文件夹，在弹出的快捷菜单中选择"粘贴"命令。或在左窗格中选定"实验"文件夹后,单击"编辑"→"粘贴"菜单;或在左窗格中选定"实验"文件夹后,使用 Ctrl+V 组合键。

步骤 9:右键单击"实验"文件夹下的文件"作业_计算机",在弹出的快捷菜单中选择"重命名"命令,将文件名改为"实验_计算机";或在右窗格中选定文件"作业_计算机"后,单击其文件名;或在右窗格中选定文件"作业_计算机"后,单击"文件"→"重命名"菜单。

步骤 10:右键单击"实验_计算机"文件,在弹出的快捷菜单中选择"属性"命令,将弹出图 2-16 所示的对话框;在"常规"选项卡中选择"只读"复选框。

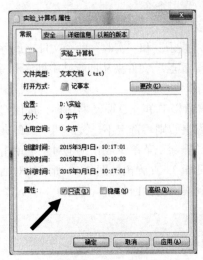

图 2-16 "常规"选项卡

【实例 2.5】 移动文件。

要求:在 C 盘中搜索文件"explorer.exe",将搜索到的文件发送到"库"→"文档"文件夹中。在 D 盘根目录下创建一个名为"我的私人文件"的文件夹,并将"库"→"文档"文件夹中的文件 explorer.exe 移动到"我的私人文件"文件夹中。

操作步骤如下。

步骤 1:在资源管理器的左窗格中单击 C 驱动器图标,并在搜索栏文本框中输入搜索关键词"explorer.exe",如图 2-17 所示,搜索结果将显示在资源管理器的右窗格中。

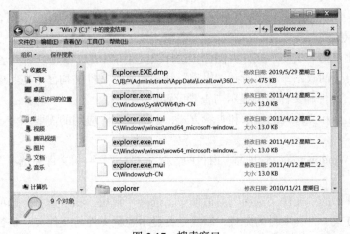

图 2-17 搜索窗口

步骤 2：右键单击搜索到的文件图标，并在弹出的快捷菜单中选择"发送到"→"文档"命令，将文件发送到"库"→"文档"文件夹中。

步骤 3：在资源管理器的左窗格中选定 D 驱动器，然后在右窗格的空白处单击鼠标右键，在弹出的快捷菜单中选择"新建"→"文件夹"命令，并将其命名为"我的私人文件"。

步骤 4：在资源管理器的左窗格中展开 D 盘根目录，使得文件夹"D:\我的私人文件"显示在左窗格中。接着在左窗格中依次单击"库"→"文档"命令，将其指定为当前文件夹；在右窗格中找到"explorer.exe"文件图标，按住鼠标右键将之拖动到"D:\我的私人文件"的图标上，释放鼠标右键后选择"移动到当前位置"命令。

【实例 2.6】 删除文件或文件夹。

要求：将 D 盘根目录中的"娱乐"和"实验"两个文件夹删除到回收站，然后把"娱乐"文件夹恢复到 D 盘根目录，再把"实验"文件夹从回收站中彻底删除。

操作步骤如下。

步骤 1：在资源管理器的右窗格中单击 D 驱动器图标，按住 Ctrl 键不放，继续在右窗格中单击选定"娱乐"和"实验"文件夹，则可选定不连续的两个文件夹——"娱乐"和"实验"。

步骤 2：选择"文件"→"删除"菜单（或在选定对象上单击鼠标右键，在弹出快捷菜单中选择"删除"菜单项；或按 Del 键），在弹出的图 2-18 所示的对话框中单击"是"按钮，确认删除；也可将选定对象直接拖动到桌面的"回收站"图标上。

图 2-18　确认删除对话框

选定对象后，同时按 Shift+Del 组合键，可将选定对象彻底删除。

步骤 3：在桌面双击"回收站"图标，打开回收站窗口，我们可以看到处于回收站中的"娱乐"和"实验"文件夹。

步骤 4：右键单击"娱乐"文件夹图标，在弹出的快捷菜单中选择"还原"命令，完成对"娱乐"文件夹的还原操作。

步骤 5：右键单击"实验"文件夹图标，选择快捷菜单中的"删除"命令，则可将其从回收站中彻底删除。打开回收站，可以看到"娱乐"和"实验"文件夹均已不在其中了。

【实例 2.7】 文件和文件夹的显示与查看设置。

要求：改变文件和文件夹的显示和查看方式，以满足实际应用的需要。

操作步骤如下。

步骤 1：在"Windows 资源管理器"窗口中，选择"工具"→"文件夹选项"菜单，如图 2-19 所示。

步骤 2：在弹出的"文件夹选项"对话框中，选择"常规"和"查看"选项卡，根据需要设置浏览文件夹的方式、打开项目的方式，以及是否显示隐藏文件与文件夹、是否隐藏已知文件类型的扩展名等，如图 2-20 所示。

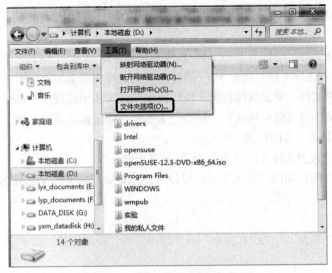

图 2-19　选择"文件夹选项"菜单

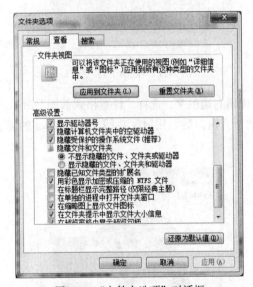

图 2-20　"文件夹选项"对话框

　　　　　如果将文件或文件夹属性设为"隐藏"，那么必须在"文件夹选项"对话框中将"查看"选项卡中的"不显示隐藏的文件、文件夹或驱动器"选项设置为选定状态后，隐藏的文件或文件夹才会真正隐藏起来。

【实例 2.8】　压缩和解压缩文件或文件夹。

　　要求：压缩"D:\作业\作业_计算机.txt"文件，并命名为"作业.zip"。将"D:\实验\实验_计算机.txt"文件添加到压缩文件"作业.zip"中。解压缩上述压缩文件"作业.zip"。

　　操作步骤如下。

　　步骤 1：在资源管理器的左窗格中选定"D:\作业"文件夹，在右窗格中右键单击"作业_计算机.txt"文件，在弹出的快捷菜单中选择"发送到"→"压缩文件夹"菜单项。

　　步骤 2：若文件或文件夹较大，会弹出"正在压缩"对话框，绿色进度条显示压缩的进度。

步骤 3：待"正在压缩"对话框自动关闭后，可以看到窗口中已经出现了对应文件的压缩文件，将其重命名为"作业.zip"。

步骤 4：将"D:\实验\实验_计算机.txt"文件复制到"D:\作业"文件夹下，然后将"实验_计算机.txt"文件拖动到压缩文件"作业.zip"图标上，完成将文件添加至压缩文件的操作。

步骤 5：在压缩文件上单击鼠标右键，从弹出的快捷菜单中选择"全部提取"菜单项。

步骤 6：在"文件将被提取到这个文件夹"文本框中确定相应路径，单击"确定"按钮。

【**实例 2.9**】 截图工具的应用。

要求：创建一个截图文件并将其命名为"my 桌面图标"。

使用 Windows 7 附件中的"截图工具"可以方便地截取屏幕上的全部或部分图片（默认格式为 PNG 文件）。

操作步骤如下。

步骤 1：选择"开始"→"所有程序"→"附件"→"截图工具"菜单项，打开"截图工具"窗口，如图 2-21 所示。

图 2-21 "截图工具"窗口

步骤 2：单击"新建"按钮右边的▼，选择"任意格式截图"命令，此时鼠标指针将变成"剪刀"形状，极小化桌面上的所有窗口后，用鼠标裁剪下 Windows 的标志图案，将出现图 2-22 所示的截图结果窗口。

图 2-22 截图结果窗口

步骤 3：单击"保存"图标，在弹出的"另存为"对话框中，选定存储路径、输入文件名及选定存储类型即可。

📖 **知识要点：Windows 文件管理的相关知识**

1. 文件

文件是保存在外部存储器上的一组相关信息的集合，Windows 管理文件的方法是"按名存取"。文件由文件名标识，通常由文件主名和扩展名组成，扩展名通常用于标记文件的类型。文件的大小、占用空间、所有者信息等称为文件的属性。文件的重要属性有以下几种。

（1）只读：设置为只读属性的文件只能读，不能修改或删除。

（2）隐藏：具有隐藏属性的文件通常不显示出来。如果设置了显示隐藏文件，则隐藏的文件和文件夹呈浅色。

（3）存档：任何一个新创建或修改的文件都有存档属性。当用"附件"下"系统工具"中的"备份"程序备份之后，存档属性消失。

2．文件夹

磁盘是存储信息的设备，一个磁盘上通常存储了大量的文件。为了便于管理，可将相关文件分类后存放在不同的目录中，这些目录在 Windows 中被称为文件夹。Windows 采用的是树形目录结构，如图 2-23 所示。

图 2-23　树形目录结构

3．文件路径

在 Windows 文件系统中，不仅需要文件名，还需要目录路径。

（1）绝对路径是由盘符、文件名以及从盘符到文件名之间的各级文件夹（各级文件夹由"\"分隔）组成的字符串。例如，位于驱动器 C 上的写字板程序的绝对路径为：C:\Program Files\Windows NT\Accessories\wordpad.exe。

（2）相对路径是从当前目录开始，依序到某个文件之前的各级目录组成的字符串。例如，..\ZH\tmp.txt 表示当前目录的上级目录中的 ZH 目录中的 tmp.txt 文件（用".."表示上一级目录）。

4．文件的命名规则

中文 Windows 允许使用长文件名，即文件名或文件夹名最多可使用 255 个字符，这些字符可以是字母、空格、数字、汉字或一些特定符号。其中英文字母不区分大小写，但不能出现下列符号：

"　｜　\　<　>　*　/　:　?

5．文件和文件夹的选定

（1）选定单个文件或文件夹：单击文件或文件夹对象。

（2）选定多个连续的文件或文件夹：单击选定第一个对象，按住 Shift 键的同时单击选定最后一个对象。

（3）选定多个不连续的文件或文件夹：按住 Ctrl 键的同时单击所需选择的各个对象。

（4）选定全部文件：选择"编辑"→"全选"菜单。

6. 剪贴板

剪贴板是内存中的一块连续区域，可以暂时存放信息。与之相关组合键操作有以下 3 种。

（1）剪切（Ctrl+X）：将选定的对象剪切到剪贴板中。

（2）复制（Ctrl+C）：将选定的对象复制到剪贴板中。

（3）粘贴（Ctrl+V）：将剪贴板中的内容粘贴到选定位置。

7. 通配符

在使用 Windows 的搜索功能时，输入的搜索关键词可以包含通配符"?"和"*"。"?"代表一个任意字符，"*"则代表多个任意字符。例如，"?a?"代表由 3 个字符组成，并且中间一个字符为"a"的字符串；"a*"则代表第一个字符为"a"的字符串。

8. 文件或文件夹的复制与移动

（1）鼠标拖放法：选定文件或文件夹对象后，将鼠标指针移到被选定的对象上，按住鼠标左键将其拖动到目标文件夹（呈反色显示状态），然后释放鼠标键。如果拖放的起始位置和拖放到的目标位置在同一个驱动器内，则该操作为移动，否则为复制。如果在拖放的同时按 Shift 键，则可在不同驱动器之间拖动，也为移动；如果在拖放的同时按 Ctrl 键，则可在同一个驱动器内拖动，也为复制。

也可用鼠标右键来进行拖放，用户可在释放鼠标键后显示的快捷菜单中选择要实施的操作，如移动、复制、创建快捷方式等。

（2）借助剪贴板的方法：首先选定要移动或复制的文件及文件夹对象。然后，在"编辑"菜单下选取"剪切"（如果要移动文件或文件夹）或"复制"（如果要复制文件或文件夹）命令（也可使用快捷菜单）。再选定将要移动到或复制到的目标文件夹。最后，在"编辑"菜单下选取"粘贴"命令（也可使用快捷菜单）。

（3）发送法：选定文件或文件夹对象后，选择"文件"菜单下的"发送到"选项，即可将对象快速地复制到别的位置。

2.1.3　实训

（1）打开"计算机"窗口，在"查看"菜单中，设置查看方式为"详细资料"。

（2）打开"文件夹选项"对话框，仔细理解其中各项设置的具体含义，然后将各项设置重置为上述实验操作之前的状态。

（3）用截图工具创建一个任务栏的截图文件，存到 D 盘根目录下，并命名为"我的任务栏"。

（4）打开"计算机"窗口和"网络"窗口，利用任务栏切换当前活动窗口，并将桌面上的窗口堆叠显示排列。

（5）取消任务栏的自动隐藏状态，并让"操作中心"图标显示在任务栏右侧的通知区域中。

（6）选择桌面上的一个应用程序，并将其添加到任务栏的应用程序锁定区。将驱动器 D 添加到"开始"菜单中（提示：可拖曳驱动器盘符至"开始"菜单）。

2.2　Windows 的基本设置

2.2.1　实验目的

（1）了解控制面板的基本功能和组成。

（2）掌握管理工具的基本应用。

（3）掌握回收站的设置。

（4）掌握桌面小工具的设置。

2.2.2　实验内容与操作步骤

【实例 2.10】　设置背景及屏幕保护程序。

要求：改变桌面背景；更改桌面项目"计算机"的图标；设置屏幕保护，等待时间设为 5min，并启用密码保护。

操作步骤如下。

步骤 1：选择"开始"→"控制面板"→"外观和个性化"→"个性化"→"更改桌面背景"命令。

步骤 2：在图 2-24 所示的"选择桌面背景"窗口中，进行适当设置，最后单击"保存修改"按钮。可以看到屏幕背景的变化。

图 2-24　"选择桌面背景"窗口

步骤 3：在"控制面板"窗口中，选择"外观和个性化"→"个性化"→"更改主题"命令，然后单击窗口左侧的"更改桌面图标"链接，打开图 2-25 所示的"桌面图标设置"对话框。

图 2-25　桌面图标设置

步骤 4：单击"计算机"图标，然后单击"更改图标"按钮，进入"更改图标"对话框，指定查找位置为"C:\Windows\System32\shell32.dll"，如图 2-26 所示。在图标列表框中选定某一图标，单击"确定"按钮。然后在"桌面图标设置"对话框中单击"确定"按钮。可以看到"计算机"图标已发生了改变。

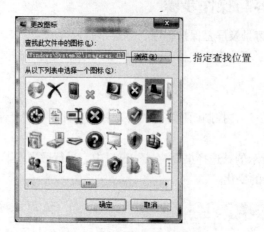

图 2-26　"更改图标"对话框

步骤 5：在"控制面板"窗口中，选择"外观和个性化"→"个性化"→"更改屏幕保护程序"命令，打开"屏幕保护程序设置"对话框，如图 2-27 所示。

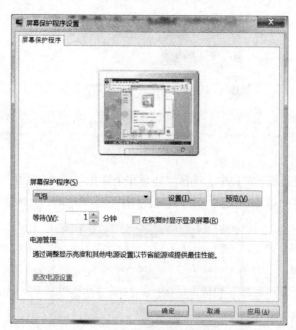

图 2-27　设置屏幕保护程序

步骤 6：在"屏幕保护程序"下拉列表框中选取任意一项，并勾选"在恢复时显示登录屏幕"复选框，在"等待"时间增量框中设置数值为 5。

步骤 7：单击"确定"按钮。当进入屏幕保护状态时将出现刚才设置的图案。

【实例 2.11】　桌面小工具的设置。

要求：添加小工具到桌面；调整小工具；卸载小工具。

　　桌面小工具是 Windows 改善桌面功能的组件，通过桌面小工具，用户可以改变小工具的大小和位置，还可以通过网络更新下载各种小工具。

　　操作步骤如下。

　　步骤 1：在控制面板中双击"桌面小工具"图标，打开图 2-28 所示的窗口。

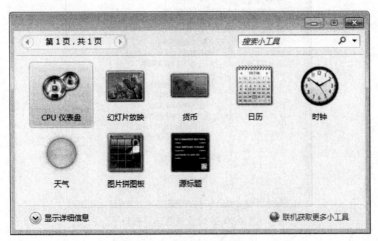

图 2-28　桌面小工具窗口

　　步骤 2：添加小工具到桌面的方法有 3 种。

- 双击窗口中的工具项。
- 右键单击窗口中的工具项，选择"添加"命令。
- 直接拖动窗口中的工具项到桌面。

　　步骤 3：调整小工具。鼠标指向某小工具时，将出现纵向的小工具条，如图 2-29 所示，工具条从上到下的功能是：关闭、较大（较小）、选项和拖动。右键单击小工具将弹出快捷菜单，选择快捷菜单中的命令可以实现"添加小工具""移动""改变大小""前端显示""不透明度"等功能的设置。

图 2-29　时钟小工具

　　步骤 4：卸载小工具。右键单击小工具，选择快捷菜单中的"卸载"命令即可卸载小工具。

　　【实例 2.12】　计算机管理。

　　要求：通过"计算机管理"工具，查看计算机系统的硬件设备和应用服务状态。

　　操作步骤如下。

　　步骤 1：双击控制面板中的"管理工具"图标，打开"管理工具"窗口。

　　步骤 2：双击"计算机管理"快捷方式图标，打开"计算机管理"窗口。

　　步骤 3：单击窗口左窗格中的"设备管理器"，窗口如图 2-30 所示；用户可以通过设备管理器来更新硬件设备的驱动程序（或软件）、修改硬件设置和解答疑难问题。

　　步骤 4：单击右窗格中"网络适配器"之前的三角按钮，可以展开"网络适配器"分支，看到本机目前安装的网络适配器的型号。双击可以打开该设备的属性窗口，了解该设备的驱动程序等详细信息。

　　步骤 5：如果某项设备上出现了问号，则此项设备驱动程序的安装可能不正确，这时需要重新安装正确的驱动程序，此设备方可正常工作。

图 2-30 "计算机管理"窗口

【实例 2.13】 回收站的设置。

要求：调整回收站设置。

操作步骤如下。

步骤 1：右键单击桌面上的"回收站"图标，在弹出的快捷菜单中选择"属性"命令，将打开图 2-31 所示的"回收站 属性"对话框。

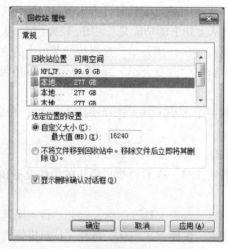

图 2-31 "回收站 属性"对话框

步骤 2：利用该对话框可以设置回收站的容量，单击"自定义大小"单选按钮，选中某硬盘，在"最大值"文本框中输入数据。

如果选中"不将文件移到回收站中。移除文件后立即将其删除"单选按钮，则被删除的文件不进回收站，不能被恢复，它会直接从硬盘中删除。

如果勾选"显示删除确认对话框"复选框，则删除文件时会弹出确认对话框；否则删除文件时不会弹出确认对话框，而是直接删除文件。

📖 知识要点：控制面板

控制面板是用户自己或系统管理员更新和维护系统的主要工具。在桌面上单击"开始"→"控制面板"菜单项，即可打开图 2-32 所示的"控制面板"窗口，可以更改"查看方式"，选择"小图标"或"大图标"查看方式。

图 2-32　"控制面板"窗口

📖 知识要点：屏幕保护程序

屏幕保护程序是为减缓 CRT 显示器的衰老和保证系统安全而提供的一项功能。如果设置了一种屏幕保护程序，则用户在一段时间内没有击键或没有操作桌面元素时，屏幕上就会显示所设置的移动图形。在现今的非 CRT 显示器中，屏幕保护程序更多的作用是美观和锁屏。

2.2.3　实训

（1）设置显示分辨率为 800×600，桌面主题为 Windows 7；选择一个自己喜欢的屏幕保护程序，设置其等待时间为 1min，并等待 1min，观察屏幕保护程序是否生效，然后将等待时间设为 30min。

（2）对系统的日期和时间进行正确设置。

（3）对鼠标和键盘进行适当的设置，使之适合自己使用。

（4）使用"计算机管理"工具查看各项硬件设备的状态。

（5）对每一个硬盘驱动器的回收站进行适当设置，并练习"还原""删除""清空"等操作。

（6）添加"天气"小工具到桌面，并显示"重庆"的天气，使用纵向工具条改变"天气"小工具的大小。

2.3　Windows 的高级管理

2.3.1　实验目的

掌握磁盘清理、碎片整理、磁盘数据备份和还原的操作方法。

2.3.2　实验内容与操作步骤

【实例 2.14】　磁盘清理。

要求：对 D 盘进行磁盘清理。

操作步骤如下。

步骤 1：单击"开始"→"所有程序"→"附件"→"系统工具"→"磁盘清理"菜单项，将弹出图 2-33 所示的"磁盘清理"对话框，选择需要清理的驱动器，单击"确定"按钮开始清理。

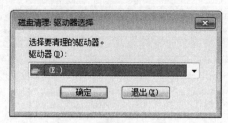

图 2-33　"磁盘清理"对话框

步骤 2：进行磁盘清理计算。

步骤 3：磁盘清理计算结束后，系统会弹出图 2-34 所示的对话框。在"磁盘清理"选项卡中的"要删除的文件"列表框中选定要删除的文件（相应选项前的小方框内有标记符号"√"，则表示该选项已被选定）。

图 2-34　磁盘清理

步骤 4：单击"确定"按钮，系统就会把选中的文件删除并返回。

【**实例 2.15**】　磁盘碎片整理。

要求：对 D 盘进行磁盘碎片整理。

操作步骤如下。

步骤 1：单击"开始"→"所有程序"→"附件"→"系统工具"→"磁盘碎片整理程序"菜单项，将打开图 2-35 所示的"磁盘碎片整理程序"对话框。

步骤 2：选择一个盘符后，单击"磁盘碎片整理"按钮，将开始整理指定的磁盘（整理磁盘碎片将会花费较长的时间）。

【**实例 2.16**】　文件和文件夹的备份和还原。

要求：磁盘数据的备份和还原。

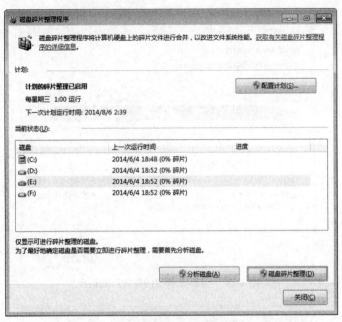

图 2-35　磁盘碎片整理

操作步骤如下。

步骤 1：按照前面介绍的方法打开"控制面板"窗口，并以"小图标"的方式显示窗口，然后单击"备份和还原"图标。

步骤 2：弹出"备份或还原文件"窗口，若用户之前从未使用过 Windows 7 备份，窗口中会显示"尚未设置 Windows 7 备份"的提示信息，单击"设置备份"链接，如图 2-36 所示。

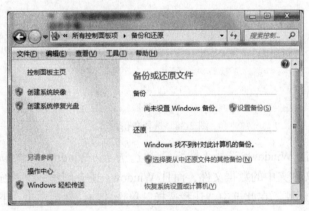

图 2-36　"备份或还原文件"窗口

步骤 3：弹出"设置备份"对话框，对话框中会显示"正在启动 Windows 备份"的信息。

步骤 4：Windows 备份启动完毕，会自动关闭"设置备份"对话框，并弹出"选择要保存备份的位置"对话框，如图 2-37 所示。

步骤 5：在"保存备份的位置"组合框中列出了系统的内部硬盘驱动器，其中显示了每个磁盘驱动器的"总大小"和"可用空间"。用户可以根据"可用空间"大小，选择一个空间较大的磁盘驱动器。用户也可以单击"保存在网络上"按钮，将备份保存到网络上的某个位置。设置完毕单击"下一步"按钮，将弹出"您希望备份哪些内容"对话框，如图 2-38 所示。

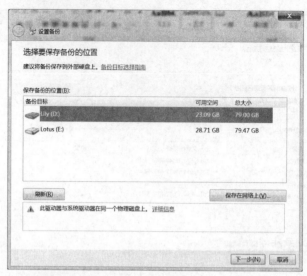

图 2-37　"选择要备份的位置"对话框

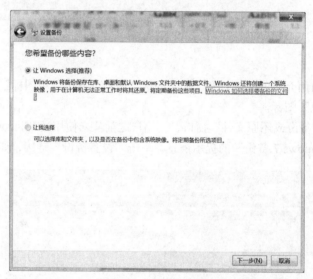

图 2-38　选择备份内容

　　步骤 6：选中"让 Windows 选择（推荐）"单选选项，Windows 会默认将备份保存在库、桌面和默认 Windows 文件夹中的数据文件，而且 Windows 还会创建一个系统映像，用于在计算机无法正常工作时将其还原。在此选中"让我选择"单选选项，然后单击"下一步"按钮。

　　步骤 7：在弹出的"您希望备份哪些内容"对话框中，勾选要备份的项目所对应的复选框，单击"下一步"按钮。

　　步骤 8：将弹出图 2-39 所示的"查看备份设置"对话框，"备份摘要"列表框中显示了备份的内容，在"计划"选项右侧显示了计划备份的时间，单击"更改计划"链接，可在弹出的"您希望多久备份一次"对话框中设置更新备份的频率和具体时间点。

　　步骤 9：设置完毕单击"确定"按钮，返回"查看备份设置"对话框，然后单击"保存设置并运行备份"按钮，随即会弹出"Windows 备份当前正在进行"对话框。

　　步骤 10：当提示"Windows 备份已成功完成"的信息时，单击"关闭"按钮即可完成对所选文件及文件夹的备份。

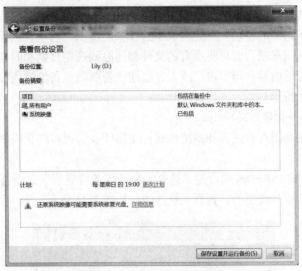

图 2-39　"查看备份设置"对话框

📖 知识要点：格式化驱动器

1. 格式化

磁盘格式化是指按照操作系统管理磁盘的方式，将磁盘划分成规定扇区和磁道的操作。操作如下：在资源管理器中右键单击欲格式化的磁盘→选择"格式化"命令→设置对话框的参数→单击"开始"按钮。

特别提醒：格式化将抹掉当前磁盘上的所有信息，请用户谨慎操作。

建议不要将重要的文件备份到安装 Windows 系统的硬盘中，因为一旦硬盘意外损坏，所备份的信息就会全部丢失。重要的文件可以备份到移动存储设备或网络存储之中。

2. 数据还原

（1）按照前面介绍的方法打开图 2-40 所示的"备份和还原"窗口。

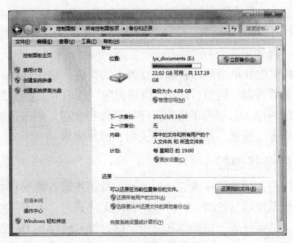

图 2-40　"备份和还原"窗口

（2）单击"还原我的文件"按钮，将弹出"还原文件"对话框。

（3）单击"选择其他日期"链接，弹出"还原文件"对话框。

（4）在"显示如下来源的备份"下拉列表中选择"上星期"选项，然后在"日期和时间"组合框中选定一个日期时间选项，即可将所有的文件都还原到选中日期和时间的版本。

（5）若要搜索备份的内容，可单击"搜索"按钮；若要浏览备份的内容，则可单击"浏览文件"或"浏览文件夹"按钮。

【实例 2.17】 任务管理器的应用。

要求：使用任务管理器查看进程和系统性能；使用任务管理器终止程序。

操作步骤如下。

步骤 1：同时按 Ctrl+Alt+Del 组合键，选择"启动任务管理器"命令打开"Windows 任务管理器"窗口，选择"性能"选项卡，查看系统性能，如图 2-41 所示。

图 2-41 "性能"选项卡

步骤 2：该对话框上半部分显示了 CPU 和内存的使用记录曲线，下半部分显示了"系统""物理内存"和"核心内存"的使用信息。

步骤 3：通过观察图中的系统资源使用情况，可以判断计算机的 CPU 或内存等是否工作在正常的状态下。若 CPU 的使用百分比过高，应该考虑是否关闭一些应用程序或进程，以缓解计算机的压力，关闭该对话框，操作完毕。

步骤 4：在任务栏的空白处单击鼠标右键，在弹出的快捷菜单中选择"启动任务管理器"命令以打开"Windows 任务管理器"窗口。选择"应用程序"选项卡，如图 2-42 所示，在该选项卡中列出了所有前台运行的程序，且标明了应用程序的名称和状态，单击选中想要关闭的应用程序名称，然后单击"结束任务"按钮，则该程序被关闭，操作完成。

📖 **知识要点：任务管理器**

任务管理器能够使用户方便地终止或启动程序，监视正在运行的所有程序和进程，以及查看计算机的性能等。有时候系统运行忙时，一些应用程序无法通过"关闭"按钮结束运行，此时就要借助于任务管理器的"结束任务"功能将其关闭。同时按 Ctrl+Alt+Del 组合键，再选择"启动任务管理器"命令；或在任务栏空白处单击鼠标右键，在弹出的快捷菜单中选择"启动任务管理器"命令，均可打开任务管理器。

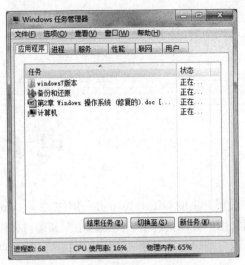

图 2-42　"应用程序"选项卡

📖 知识要点：磁盘清理

当 Windows 运行一段时间后，由于系统或应用程序的需要可能会产生一些临时文件。当我们正常地退出应用程序或关机时，系统会自动地删除这些临时文件。若是发生一些特殊的情况（如误操作、停电和非正常关机等），这些临时文件会继续驻留在磁盘上。这些文件不但占用了磁盘空间，而且降低了系统的处理速度，影响了系统的整体性能。通过"磁盘清理"可以对磁盘上的废旧文件、临时文件及回收站中的文件进行删除操作，从而释放磁盘的空间。

📖 知识要点：碎片整理

磁盘使用一段时间后，会产生很多碎片，文件和文件夹的存储也会非常不连续。由于碎片文件被分割放置在许多不相邻的部分，因此操作系统需要花费额外的时间来读取和搜集文件的不同部分。当碎片过多时，计算机访问数据的效率会降低，系统的整体性能也会下降。通过"磁盘碎片整理"可将计算机硬盘上的破碎文件和文件夹合并在一起，以便使其能分别占据单个或连续的空间。这样，系统就可以更有效地访问文件和文件夹，更有效地保存新的文件和文件夹。

📖 知识要点：磁盘数据的备份和还原

为了避免计算机发生意外故障时造成数据的丢失，用户应该定期备份硬盘上的数据，如果事先对数据进行了备份，当用户需要时就可以将其还原，从而减小损失。Windows 7 的"备份还原"功能更加强大和完善，它支持 4 种备份还原方式，分别是文件备份还原、系统映像备份还原、早期版本备份还原和系统还原。它不仅备份与恢复的速度很快，而且制作出的系统映像经过高度压缩，减少了对硬盘空间的占用，还支持"一键还原"功能，操作起来更加简单。

2.3.3　实训

（1）选择自己的一个 U 盘，并进行格式化操作。

（2）对 C 盘进行碎片整理操作。

（3）使用任务管理器查看进程和系统性能；使用任务管理器终止当前正在运行的部分程序。

第3章
电子文档处理

Word 2010 是 Microsoft 公司开发的 Office 2010 办公组件之一。Word 2010 为用户提供最上乘的文档格式设置工具，利用它用户可以更轻松、高效地组织和编写文档。其增强后的功能可以创建专业水准的文档，用户可以更加轻松地与他人协同工作并在任何地点访问他的文件。

3.1　简单文档的处理

一般来说，文档的处理都要遵循图 3-1 所示的操作流程。

图 3-1　文档操作流程

3.1.1　实验目的

（1）了解文档处理的基本流程，掌握文档的创建、打开、保存以及关闭等基本操作方法。

（2）熟练掌握文档的编辑、排版以及打印等操作方法。

3.1.2　实验内容与操作步骤

【实例 3.1】　制作一份简单的文档——"篮球赛通知"，如图 3-2 所示。

操作步骤如下。

步骤 1：新建一个空白文档并将其保存为"篮球赛通知"。

启动文字处理软件后，系统自动建立一个空白文档窗口。为了方便文档的打开和防止以后文档内容的丢失，先对文档进行更名保存。

单击窗口左上角快速访问工具栏上的"保存"按钮，或者单击"文件"选项卡的"保存"或"另存为"选项，此时会打开一个"另存为"对话框，如图 3-3 所示。新建一个文件夹（取名为：专业班级+姓名+学号后两位，如土木 07 刘军 23），将文件保存在此文件夹中，并在"文件名"文本框中输入"篮球赛通知"，单击"保存"按钮即新建了一个名为"篮球赛通知"的文档。

特别注意以下几点。

（1）初次保存文档时，无论采取哪种方式都会出现"另存为"对话框，以后只有选择"另存为"命令才会出现"另存为"对话框。

（2）Word 保存的文件扩展名默认为.docx。

（3）要设置自动保存，可以单击"文件"选项卡中的"选项"命令，将会打开"Word 选项"对话框，如图 3-4 所示。单击"保存"选项卡，设置"保存自动恢复信息时间间隔"为 1 分钟，设置完毕单击"确定"按钮即可。

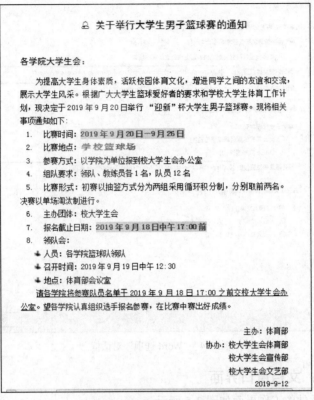

图 3-2　"篮球赛通知"效果图

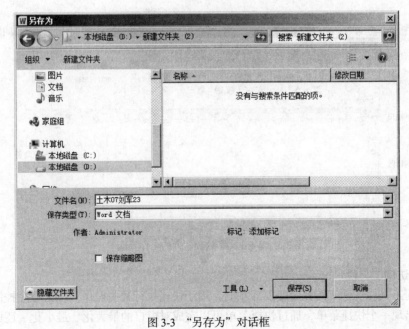

图 3-3　"另存为"对话框

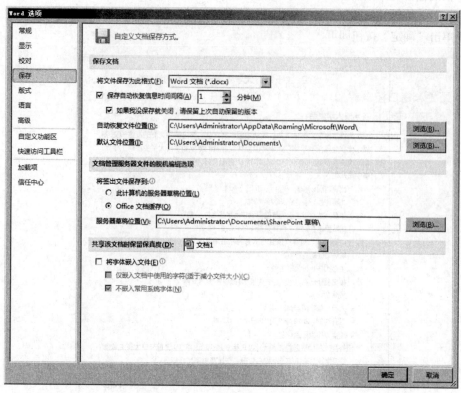

图 3-4 "Word 选项"对话框

📖 知识要点：文档窗口界面

Word 文字处理软件的工作界面如图 3-5 所示。

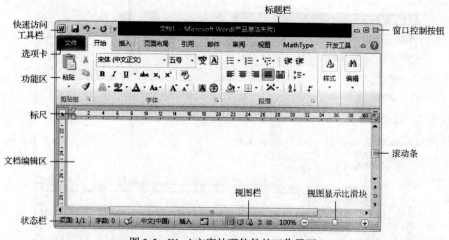

图 3-5 Word 文字处理软件的工作界面

1. 快速访问工具栏

快速访问工具栏位于工作界面的顶部左侧，用于快速执行某些操作。为程序控制图标，单击该图标会出现一个快捷菜单，通过快捷菜单可以完成对窗口的最大化、最小化、还原、关闭、移动等操作。

是"保存"按钮,用以保存当前文档。是"撤销"按钮,是"恢复"按钮,单击"撤销"按钮可以撤销最近执行的操作,恢复到执行操作前的状态,而"恢复"按钮的作用跟"撤销"按钮刚好相反。

快速访问工具栏在默认情况下只放置了少数几个命令按钮,单击 按钮(或单击"开始"→"选项"→"快速访问工具栏"命令),可以自行添加需要的命令按钮。

2. 标题栏和窗口控制按钮

标题栏位于快速访问工具栏右侧,用于显示文档和程序的名称。窗口控制按钮位于工作界面的右上角,单击窗口控制按钮,可以最小化、最大化、还原或关闭程序窗口。

3. 选项卡和功能区

选项卡位于标题栏下方,由多个选项标签组成,其中几乎囊括了 Word 所有的编辑功能。单击某一选项标签,其下方会显示与之对应的功能区(编辑工具)。每个功能区又可根据操作的相似性分为若干个功能组。

4. 文档编辑区

文档编辑区也称工作区,文档内容的输入和编辑排版等操作都可在该区域完成。在 Word 中,不断闪烁的插入点光标"｜"代表用户当前的编辑位置。

5. 标尺

标尺包括水平标尺和垂直标尺两种,标尺上有刻度,用于对文本位置进行定位。水平标尺中间的白色部分表示版面的实际宽度,水平标尺两端的浅蓝色部分表示版面与页面四边的空白宽度。要显示或者隐藏标尺,可以在"视图"选项卡的"显示"组中选中或者不选中"标尺"复选框。

6. 滚动条

滚动条可以对文档进行定位,文档窗口有水平滚动条和垂直滚动条。单击垂直滚动条两端的三角按钮或用鼠标拖动滚动条可使文档上下滚动。

7. 状态栏

状态栏位于窗口左下角,用于显示文档页数、字数及校对信息等。

8. 视图栏和视图显示比滑块

视图栏和视图显示比滑块位于窗口右下角,用于切换视图的显示方式以及调整视图的显示比例。文字处理软件一般都提供了多种视图方式供用户选择,这些视图方式包括"页面视图""阅读版式视图""Web 版式视图""大纲视图"和"草稿视图"等 5 种。

(1)页面视图

页面视图可以按照文档的打印效果显示文档,具有"所见即所得"的效果。在页面视图中,可以直接看到文档的外观以及图形、文字、页眉、页脚等在页面的位置,这样,在屏幕上就可以看到文档打印在纸上的样子。页面视图是最接近打印结果的视图方式,常用于对文本、段落、版面或者文档的外观进行修改。

(2)阅读版式视图

阅读版式视图是以图书的分栏样式显示 Word 文档,而快速访问工具栏、功能区等窗口元素则被隐藏起来。在阅读版式视图中,用户还可以单击"工具"按钮选择各种阅读工具。

(3)Web 版式视图

Web 版式视图是以类似网页的形式显示 Word 文档。该视图方式适用于发送电子邮件和创建网页。

（4）大纲视图

大纲视图主要用于显示、修改或创建文档的大纲，它将所有的标题分级显示出来，并可以方便地折叠和展开各种层级的文档。大纲视图广泛用于 Word 长文档的快速浏览和设置中。

（5）草稿视图

草稿视图不显示页面边距、分栏、页眉/页脚和图片等元素，而仅显示标题和正文，是一种最节省计算机系统硬件资源的视图方式。由于这种视图只显示字体、字形、字号、段落及行间距等最基本的格式，大大简化了页面布局，所以适合于快速输入或编辑文字。

用户可以在"视图"选项卡的"文档视图"中选择需要的文档视图方式，也可以在文档窗口右下方的视图栏单击视图按钮进行选择。默认情况下，Word 将以页面视图方式显示文档。

由于功能区占据屏幕空间较多，使得工作区变小，为解决此问题，系统提供了"功能区最小化"按钮，单击该按钮可隐藏功能区，同时该处按钮变成"展开功能区"按钮。

📖 知识要点：文档的其他创建方法

除启动软件系统时会自动新建一个空白文档外，也可以选择"文件"→"新建"→"可用模板"→"空白文档"菜单项来创建文档。

📖 知识要点：文档的打开

当用户需要用到某个文档时，首先需要将其打开。打开文档的方式有很多，最简单的方式是直接双击要打开的文档的图标。也可以通过"打开"命令，即先单击"文件"选项卡，再单击"打开"命令，在弹出的"打开"对话框中选择要打开的文档。

步骤 2："篮球赛通知"文档的文本录入。

（1）设置输入法

在文本录入之前，最好先设置将要使用的中文输入法，使用 Ctrl+Shift 组合键可以选择一种中文输入法，如果文本中需要交替录入英文和中文，使用 Ctrl+Space 组合键可以进行快速中英文输入法的切换。

对于经常使用的中文输入法，可以通过控制面板中的"输入法"来定义热键，或者将其设置为第一种中文输入法，这样以后在切换输入法时会很方便。

（2）录入"篮球赛通知"的文本内容

文档建立之后，文档上有一个闪动的光标，这就是插入点，也就是文本的输入位置。输入文本时，选择好输入法后，将光标定位到需要输入文本的位置即可输入文本，输入的文本显示在光标处，而光标会自动向右移动。

文本是文字、符号、特殊符号、表格和图形等内容的总称，用户可以通过键盘或鼠标输入文本。文档原则上首先应进行单纯的文本录入，然后再运用排版功能进行有效排版。文本录入时应遵循基本的录入原则，不要随便按 Enter 键和 Space 键。

① 不要用 Space 键进行字间距的调整以及标题居中、段落首行缩进的设置。

② 不要用 Enter 键进行段落间距的排版，当一个段落结束时，才按 Enter 键。

③ 不要用连续按 Enter 键产生空行的方法进行内容分页的设置。

输入文本时，可以连续输入，不要在每行的末尾按 Enter 键。如果当前没有足够的空间容纳正在输入的单词，系统将自动把整个单词移到下一行的起始位置，这就是文字处理软件的自动换行。如果要强制换行，可按 Enter 键（其实是分段）。

录入文本时有"插入"和"改写"两种状态。在"插入"状态下，输入的文本将插入当前光标所在位置，光标后面的内容将按顺序后移；而"改写"状态下，输入的文字将替换掉光标后的文字，其余的文字位置不变。要在这两种状态间切换，有以下两种方法。

① 单击左下角状态栏上的"插入/改写"按钮在两种状态间切换。

② 通过按 Insert 键来切换"插入/改写"模式。

📖 知识要点：自动更正

文字处理软件有一个"自动更正"的功能，用于对用户输入的字词错误进行自动更正的。利用此功能，可以将文档中经常需要输入的文字、词语、特殊符号用一个简单的符号代替，以后只需输入该简单符号，则软件会将其自动转换为对应的文字、词语、特殊符号。

例如，将"W"更正为"文字处理软件"，操作步骤如下。

选择"文件"→"选项"→"校对"→"自动更正选项"按钮，打开"自动更正"对话框，如图 3-6 所示。在"替换"文本框中输入"W"，在"替换为"文本框中输入"文字处理软件"，单击"添加"按钮将之添加到自动更正词库里，然后单击"确定"按钮完成设置。以后在文档上输入"W"，则会自动出现"文字处理软件"。

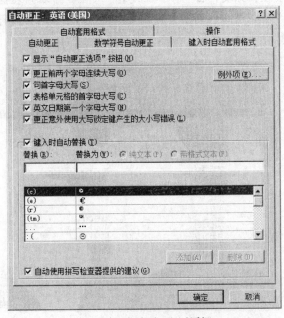

图 3-6　"自动更正"对话框

（3）录入特殊符号

文档中除了文字外，有时还需要根据内容输入各种标点和特殊符号。特殊符号是指无法通过键盘直接输入的符号，例如，本例"篮球赛通知"文档标题前面就需要插入特殊符号"♫"。插入特殊符号的方法是：单击"插入"选项卡"符号"组中的"符号"按钮，在下拉菜单中选择"其他符号"选项，然后在弹出的"符号"对话框的"符号"选项卡中选中需要的符号，并单击"确定"按钮即可，如图 3-7 所示。

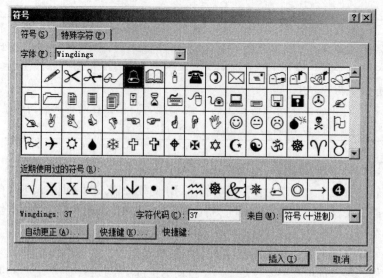

图 3-7 插入特殊符号

"符号"对话框将符号按照不同类型进行了分类，所以在插入特殊符号前，先要选择符号类型，只要单击"字体"或者"子集"下拉列表框右侧的下三角按钮就可以选择符号类型了，找到需要的类型后就可以选择所需的符号。还可以通过图 3-8 所示的"特殊字符"选项卡输入一些特殊符号。

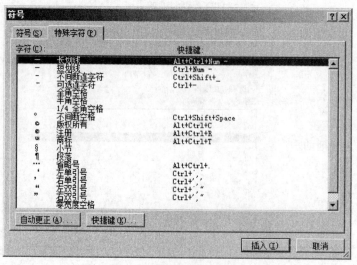

图 3-8 "特殊字符"选项卡

"篮球赛通知"文档的文本内容如下所示。

☏关于举行学生男子篮球赛的通知

各学院学生会：

为提高学生身体素质，活跃校园体育文化，增进同学之间的友谊和交流，展示学生风采。根据广大学生篮球爱好者的要求和学校学生体育工作计划，现决定于 2018 年 9 月 20 日举行"迎新"杯学生男子篮球赛。现将相关事项通知如下：

比赛时间：2018 年 9 月 20 日—9 月 26 日

比赛地点：学校篮球场

参赛方式：以学院为单位报到校学生会办公室

组队要求：领队、教练员各 1 名，队员 12 名

比赛形式：初赛以抽签方式分为两组采用循环积分制，分别取前两名。决赛以单场淘汰制进行。

主办团体：校学生会

报名截止日期：2018 年 9 月 18 日中午 17:00 前

领队会：

人员：各学院篮球队领队

召开时间：2018 年 9 月 19 日中午 12:30 分

地点：体育部会议室

请各学院将参赛队员名单于 2018 年 9 月 18 日 17:00 之前交校学生会办公室。望各学院认真组织选手报名参赛，在比赛中赛出好成绩。

主办：体育部

协办：校学生会体育部

　　　校学生会宣传部

　　　校学生会文艺部

2018-9-12

步骤 3："篮球赛通知"文档的编辑。

在文档录入过程中或录入后如果需要对文本内容进行调整修改，可以进行插入、删除、复制、剪切、粘贴等编辑操作。

📖 知识要点：光标定位

定位光标的方法有很多，下面介绍常用的 3 种方法。

1. 鼠标定位

使用鼠标拖动垂直滚动条或水平滚动条到要定位的文档页面，然后在需要的位置单击鼠标左键，即可快速定位光标。

2. 键盘定位

使用键盘也可准确定位光标，表 3-1 为定位光标的快捷键列表。

表 3-1　　　　　　　　　　　　　定位光标的快捷键列表

快捷键	功能	快捷键	功能
↑	上移一行	Page Up	上移一屏
↓	下移一行	Page Dn	下移一屏
←	左移一个字符	Home	移到行首
→	右移一个字符	End	移到行尾
Ctrl+↑	上移一段	Ctrl+Page Up	上移一页
Ctrl+↓	下移一段	Ctrl+Page Dn	下移一页
Ctrl+←	左移一个单词	Ctrl+Home	移到文档首
Ctrl+→	右移一个单词	Ctrl+End	移到文档尾

3. 命令定位

单击"开始"选项卡中"查找"按钮旁的小箭头，在弹出的选项里选择"转到"命令，将弹出图 3-9 所示的对话框，切换至"定位"选项卡，输入要定位的内容，如在"输入页号"文本框里输入页码，即可迅速定位到该页上。

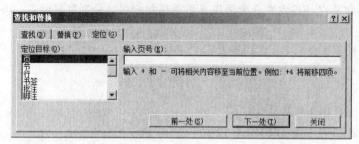

图 3-9 "查找和替换"对话框的"定位"选项卡

📖 知识要点：选定文本

要对某个或者某段文本进行编辑，首先要选中文本，也就是确定编辑的对象。除了常规的拖动鼠标的方法外，还有以下一些快捷的选择方法。

（1）选中字符：双击该字符。

（2）选中一行：将鼠标移动到该行的左侧，当鼠标指针变成一个指向右边的箭头形状时，单击鼠标可以选定该行。

（3）选中多行：将鼠标移动到该行的左侧，当鼠标指针变成一个指向右边的箭头形状时，向上或向下拖动鼠标可选定多行。

（4）选中一句：按住 Ctrl 键，然后单击某句文本的任意位置可选定该句文本。

（5）选中段落：可使用两种方法实现。将鼠标移动到某段落的左侧，当鼠标指针变成指向右边的箭头形状时，双击鼠标可选定该段；在段落的任意位置三击（连续按三次左键）可选定整个段落。

（6）选中全部文档：可使用两种方法实现。按 Ctrl+A 组合键；将鼠标指针移动到任意文档正文的左侧，当鼠标指针变成一个指向右边的箭头形状时，三击鼠标左键可以选定整篇文档。

（7）选中矩形块文字：按住 Alt 键并拖动鼠标可选定一个矩形块文字。

（8）选择不连续文本：选中要选择的第一处文本，在按住 Ctrl 键的同时拖动鼠标依次选中其他文本。

📖 知识要点：删除文本

当需要删除某些文本时，可将光标定位到错误字符之后，然后按退格键 Backspace；或者将光标定位到错误字符之前，然后按删除键 Del。也可以先选定需要删除的文本，然后按退格键 Backspace 或按删除键 Del。

注意　　　按 Del 键可删除光标右边的一个字符；按 Backspace 键可删除光标左边的一个字符。

📖 知识要点：插入文本

将光标定位好后，直接输入新的文本即可。

📖 知识要点：复制、移动文本

先选定需要复制或移动的文本，然后用鼠标拖动法或快捷键法完成复制或移动操作。

1．鼠标拖动法

使用鼠标将所选内容拖动到新的位置，就移动了文本；如果在按住 Ctrl 键的同时，使用鼠标将所选内容拖动到新位置，就复制了文本。

2．快捷键法

按 Ctrl+X 组合键可以剪切文本，按 Ctrl+C 组合键可以复制文本，按 Ctrl+V 组合键可以粘贴文本。

📖 知识要点：撤销和恢复

在文档的处理过程中，利用软件提供的"撤销"和"恢复"操作可以对错误操作予以反复纠正。其中，"撤销"操作的方法是，单击快速访问工具栏中的"撤销"按钮↶或使用 Ctrl+Z 组合键；"恢复"操作的方法是，单击快速访问工具栏的"恢复"按钮↷或使用 Ctrl+Y 组合键或者单独按 F4 键。

📖 知识要点：拼写和语法

文档内容录入完后，有时会出现一些不同颜色的波浪线，这就是文字处理软件的联机校对功能。对于文档中的英文，拼写和语法功能可以发现一些很明显的单词拼写错误、短语或语法错误。如果是单词拼写错误，则该单词下面会自动加上红色波浪线；如果是语法错误，则该英文句子下面会自动加上绿色波浪线。但是对于文档中的中文，这个功能不太准确，所以用户可以选择忽略。

步骤 4：在"篮球赛通知"文档中查找和替换文本。

在文字处理软件中，查找和替换是一种常用的编辑方法，可以准确快速地查找和替换文本内容，尤其对于一些较长的文档，通过这些功能可以大大提高工作效率。

本例中需要把"篮球赛通知"文档中的部分"学生"替换为"大学生"；把文档中的时间"2018"全部替换为"2019"。

把"篮球赛通知"文档中的部分"学生"替换为"大学生"的方法是：将光标定位在文档的开始位置，单击"开始"→"编辑"→"替换"按钮，打开"查找和替换"对话框，在"查找内容"文本框中输入"学生"，在"替换为"文本框中输入"大学生"，然后单击"查找下一处"按钮，如图 3-10 所示，则会在文档中标识出查找到的"学生"。如果需要替换文本就单击"替换"按钮完成该处文本的替换，如果不需要，就重复单击"查找下一处"按钮，定位下一个"学生"，直至查找完毕关闭对话框。

把"篮球赛通知"文档中的"2018"全部替换为"2019"的方法是，将光标定位在文档的开始位置，打开"查找和替换"对话框，在"查找内容"文本框中输入"2018"，在"替换为"文本框中输入"2019"，单击"全部替换"按钮即可完成全部替换。

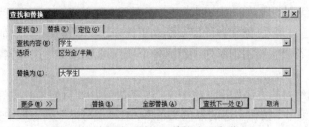

图 3-10　将部分"学生"替换为"大学生"

🕮 知识要点："更多"查找与替换功能

将图 3-11 所示的文章中的手动换行符替换为段落标记符，删除文章中多余的空格和多余的空行，把全文中的"棒"替换为红色的"棒"字。

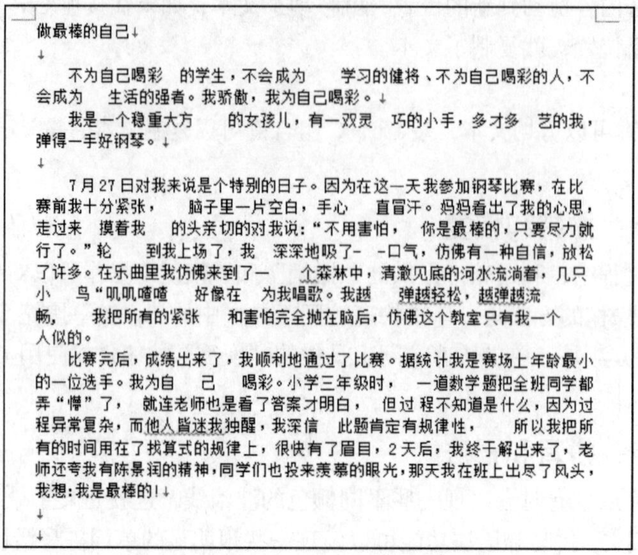
做最棒的自己↓
↓
不为自己喝彩　的学生，不会成为　　学习的健将、不为自己喝彩的人，不会成为　生活的强者。我骄傲，我为自己喝彩。↓
我是一个稳重大方　　的女孩儿，有一双灵　巧的小手，多才多　艺的我，弹得一手好钢琴。↓
↓
7 月 27 日对我来说是个特别的日子。因为在这一天我参加钢琴比赛，在比赛前我十分紧张，　　脑子里一片空白，手心　　直冒汗。妈妈看出了我的心思，走过来　摸着我　　的头亲切的对我说："不用害怕，　你是最棒的，只要尽力就行了。"轮　　到我上场了，我　深深地吸了-　-口气，仿佛有一种自信，放松了许多。在乐曲里我仿佛来到了一　　个森林中，清澈见底的河水流淌着，几只小　鸟"叽叽喳喳　　好像在　为我唱歌。我越　　弹越轻松，越弹越流畅，　　我把所有的紧张　　和害怕完全抛在脑后，仿佛这个教室只有我一个人似的。
比赛完后，成绩出来了，我顺利地通过了比赛。据统计我是赛场上年龄最小的一位选手。我为自　　己　　喝彩。小学三年级时，　一道数学题把全班同学都弄"懵"了，　就连老师也是看了答案才明白，　但过 程不知道是什么，因为过程异常复杂，而他人皆迷我独醒，我深信　此题肯定有规律性，　　所以我把所有的时间用在了找算式的规律上，很快有了眉目，2 天后，我终于解出来了，老师还夸我有陈景润的精神，同学们也投来羡慕的眼光，那天我在班上出尽了风头，我想：我是最棒的！↓
↓
↓

图 3-11　"更多"查找与替换功能的文本

方法：将光标定位在文档的开始位置，打开"查找和替换"对话框，单击"更多"按钮，分别完成以下操作。

（1）将光标定位到"查找内容"文本框中，单击"特殊格式"按钮，在下拉列表中选择"手动换行符"，然后定位光标到"替换为"文本框中，单击"特殊格式"按钮，在下拉列表中选择"段落标记符"，单击"全部替换"按钮即可完成替换操作。

（2）同理，将光标定位到"查找内容"文本框中，从"特殊格式"下拉列表中选择"空白区域"，然后在"替换为"文本框中输入为空，则可删除所有的空格。

（3）将光标定位到"查找内容"文本框中，从"特殊格式"下拉列表中选择 2 个"段落标记符"，然后在"替换为"文本框中选择 1 个"段落标记符"，多次单击"全部替换"按钮，则可删除所有的空行。

（4）在"查找内容"文本框中输入文字"棒"，在"替换为"文本框中也输入文字"棒"，然后单击"格式"按钮（此操作前确保光标定位于"替换为"文本框中），选择"字体"以便替换部分文字的格式，如图 3-12 所示，如果想取消刚才定义的格式，可单击"不限定格式"按钮，否则单击"全部替换"按钮。

步骤 5："篮球赛通知"文档中项目符号和编号的设置。

在文档中，相同级别的段落前面有时需要加些符号（如点或三角形等特殊符号）或者编号（如 1、2、3 或者一、二、三等），使文档的层次结构更清晰、更有条理，以增加文档的可读性，如图 3-13 所示。其中项目符号主要用于罗列项目，各个项目间无先后顺序，若各项目存在一定的先后顺序则应使用编号。

添加项目符号和编号的方法如下：选中文档中需要添加项目编号的段落，单击"开始"选项卡"段落"组中的"编号"按钮右边的黑色三角形，在"编号库"列表框中选择合适的编号即可，如图 3-14 所示。

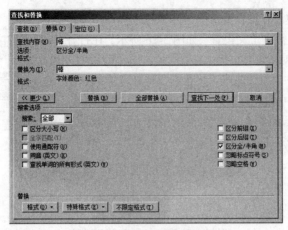

图 3-12 "查找和替换"对话框

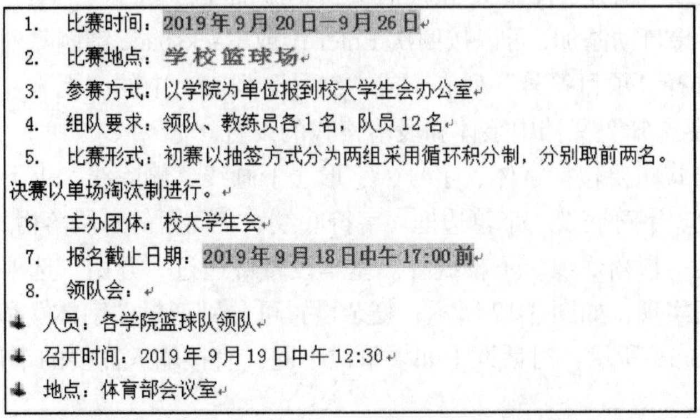

1. 比赛时间：2019 年 9 月 20 日一9 月 26 日
2. 比赛地点：学 校 篮 球 场
3. 参赛方式：以学院为单位报到校大学生会办公室
4. 组队要求：领队、教练员各 1 名，队员 12 名
5. 比赛形式：初赛以抽签方式分为两组采用循环积分制，分别取前两名。
决赛以单场淘汰制进行。
6. 主办团体：校大学生会
7. 报名截止日期：2019 年 9 月 18 日中午 17:00 前
8. 领队会：
- 人员：各学院篮球队领队
- 召开时间：2019 年 9 月 19 日中午 12:30
- 地点：体育部会议室

图 3-13 "篮球赛通知"中的编号和项目符号的设置

同理，选中文档中需要添加项目符号的段落，单击"开始"选项卡"段落"组中的"项目符号"按钮右边的黑色三角形，在"项目符号库"列表框中选择合适的符号即可，如图 3-15 所示。

图 3-14 "编号库"列表

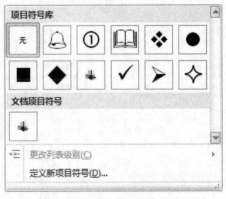

图 3-15 "项目符号库"列表

如果"编号库"中没有符合要求的编号，可以选择一种接近目标的编号，或者进行自定义设置。如图 3-16 所示，在打开的"定义新编号格式"对话框中，把"编号格式"文本框中"1."后的"."删除，输入一个""即可（注意不要将带域的部分删除掉）。此时在预览框中可以看到效果，单击"确定"按钮即可。如果"项目符号库"中没有符合要求的符号，用户可以单击"定义新项目符号"链接去定义符号。

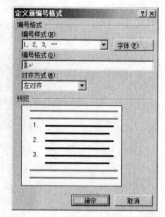

📖 知识要点：输入文本时自动添加项目符号和编号

默认情况下，如果段落以星号或数字"1."开始，用户一旦选择了项目符号或编号（在"开始"选项卡"段落"组中单击"项目符号"按钮或"编号"按钮），换行后会自动添加项目

图 3-16 "定义新编号格式"对话框

符号和编号。如果不想自动添加，可以按两次 Enter 键或 Backspace 键删除列表中的最后一个项目符号或编号；或者选择"项目符号"列表（或"编号"列表）中的"无"。

步骤 6："篮球赛通知"文档中字体和段落格式的设置。

文档中，字体格式主要包括字体、字号、字形、下画线、删除线、上下标、文本效果、突出现实文本、字体颜色、字符底纹、字符边框、字符底纹、字间距等；段落格式主要包括段落对齐、缩进、行和段落间距、段落底纹、下框线等。基本设置可通过"开始"选项卡"字体"组和"段落"组中的各个按钮实现，如图 3-17 所示；复杂设置可分别通过"字体"和"段落"对话框来实现，如图 3-18 和图 3-19 所示，对话框中如果单位不同，直接输入需要的单位即可。

图 3-17 "字体"组和"段落"组

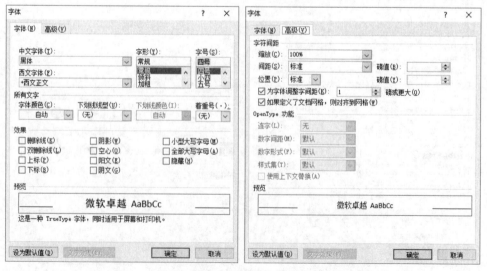

图 3-18 "字体"对话框

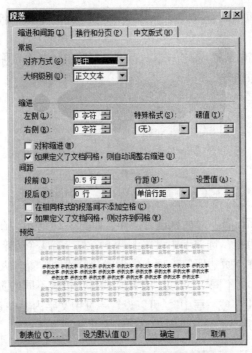

图 3-19　"段落"对话框

📖 **知识要点：格式刷的使用**

当一篇文档中某些文本的字体和段落的格式与其他部分文本的格式相同时，为提高排版效率同时又能做到前后格式一致，可使用"格式刷"按钮复制前面文本的格式。方法如下：首先选择要被复制格式的文本，然后单击"开始"选项卡"剪贴板"组中的"格式刷"按钮 ✨格式刷 ，这时鼠标指针变成刷子形状，之后可选择需要复制格式的文本，这样被选择文本的格式就与原文本的格式相同。

特别说明：

单击"格式刷"按钮，只能复制一次格式。

双击"格式刷"按钮，可以多次复制格式，如果想结束格式复制，再次单击"格式刷"按钮即可。

"篮球赛通知"文档需要进行的字体和段落的格式设置如下。

（1）标题为三号黑体字，居中，段前段后间距为 1 行。

（2）正文（除标题外的所有文本）为宋体小四号字、行距为最小值 20、缩进左侧 0 字符，特殊格式中首行缩进 2 字符。

（3）第 1 段（各学院学生会）黑体四号字，缩进中特殊格式为"无"。

（4）第 13～15 段（项目符号 3 段）左侧缩进 0 字符，特殊格式中首行缩进 4 字符。

（5）第 3 段"比赛时间："后面的时间和第 9 段"报名截止日期："后面的时间均为红色、粗体、字符底纹。第 4 段（学校篮球场）蓝色加粗、字符缩放 120%、字符间距加宽 2 磅。第 14 段的第一句（请各学院将参赛队员名单……）加下画线。

（6）最后 5 段（第 15 段"主办：……"-文档末）右对齐，第 15 段段前间距 1 行。

步骤 7： "篮球赛通知"文档的页面设置。

为了使打印出来的文档更加美观，可在文档打印输出之前进行页面设置，即对文档的页面整体进行一些合理的设置。页面设置主要是指对文档的页边距、纸张、版式和文档网格等内容进行设置。

基本设置可通过"页面布局"选项卡中"页面设置"组的各个按钮（页边距、纸张方向、纸张大小等）实现，如图 3-20 所示。

图 3-20 "页面布局"选项卡"页面设置"组

复杂设置可通过"页面设置"对话框进行操作，如图 3-21 所示，在"纸张"选项卡中设置纸张大小、类型等；在"页边距"选项卡中设置上、下、左、右 4 个方向的页边距和打印的方向，如果文档需要装订，还可在"页边距"选项卡中设置装订线的位置和大小；在"版式"选项卡中选择"奇偶页不同"或"首页不同"，可以对奇偶页或首页设置不同的页眉、页脚，在"垂直对齐方式"中选择"顶端""靠上"或"居中"，可以设置一页中文字内容在垂直方向的不同对齐方式。

"篮球赛通知"文档选用 A4 纸、纵向、页边距为普通。

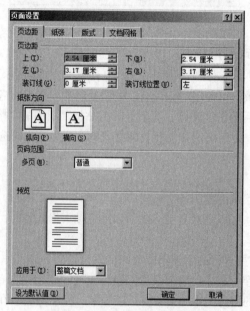

图 3-21 "页面设置"对话框

步骤 8："篮球赛通知"文档的打印预览。

文字处理软件提供了"打印预览"功能。该功能具有"所见即所得"的特点，所以文档在打印之前，可以使用这个打印预览来查看文档的整体效果，如果对预览的效果不满意可以重新进行修改。"打印预览"功能使用的是打印预览视图，相比文档编辑处理的页面视图，打印预览视图可以更真实地表现文档的外观。在打印预览视图中，可任意缩放页面的显示比例，也可同时显示多个页面。

方法：单击"文件"→"打印"命令，左边部分是打印窗口，右边部分会出现打印预览窗口，如图 3-22 所示。

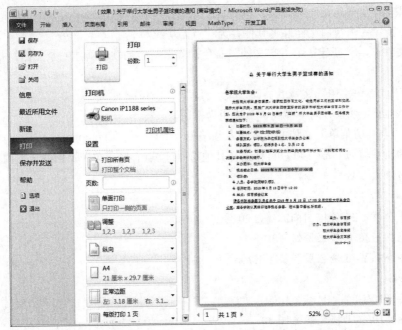

图 3-22　"打印"与"打印预览"窗口

对"篮球赛通知"文档进行打印预览，如效果不满意，回到"开始"选项卡重新修改、排版等，直到打印预览效果满意为止。

步骤 9："篮球赛通知"文档的打印。

用户如果对打印预览效果满意，可以直接打印输出文档。如图 3-22 所示，在左边的"打印"窗口中设置打印机、打印的份数、打印部分页，然后单击"打印"按钮即可。用户也可以在不打开文档的情况下，右键单击文档后选择"打印"命令，直接按默认方式打印文档。

【实例 3.2】　制作一份简单文档——"点心坊菜单"，如图 3-23 所示。

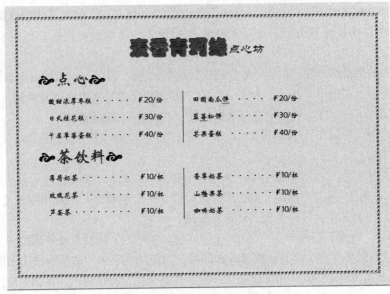

图 3-23　"点心坊菜单"的效果图

操作步骤如下。

步骤 1：新建一个空白文档并将其保存为"点心坊菜单"。

选择"文件"→"新建"→"空文档"命令；或重新启动软件新建一个文档，并将之保存为"点心坊菜单"。

步骤 2："点心坊菜单"文档的页面设置。

纸型为 A4 纸、纸张方向为横向、页边距为普通。

步骤 3："点心坊菜单"文档的文本录入和编辑。

文档中的特殊符号"❧"可以自行选择其他符号。"点心坊菜单"文档的文本内容如下所示。

麦香青珂缘点心坊

❧点心❧

酸甜浓厚枣糕￥20/份田园南瓜饼￥20/份

日式桂花糕￥30/份蓝莓松饼￥30/份

千层草莓蛋糕￥40/份芒果蛋糕￥40/份

❧茶饮料❧

薄荷奶茶￥10/杯香草奶茶￥10/杯

玫瑰花茶￥10/杯山楂果茶￥10/杯

芦荟茶￥10/杯咖啡奶茶￥10/杯

步骤 4："点心坊菜单"文档中字体和段落格式的设置。

"点心坊菜单"文档需要进行的字体和段落的格式设置可自行设置，也可参照如下。

（1）标题："麦香青珂缘"字体为华文琥珀、浅绿、初号字、效果选用阳文。"点心坊"字体为华文隶书、紫色、一号字。标题居中对齐。

（2）"❧点心❧"字体为华文新魏、小初号字，"点心"为紫色加粗，左缩进 0 个字符，特殊格式中选择"无"。

（3）菜单部分字体可设置为华文新魏、二号字，左缩进 0 个字符，特殊格式中选择"无"。

步骤 5："点心坊菜单"文档中制表位的添加。

通常情况下，单击"对齐"按钮，可以设置段落的对齐方式，但在某些特殊的文档中，有时需要在一行中有多种对齐方式，文字处理软件的制表位功能就可以在一行内实现多种对齐方式。

选中需对齐的菜单行（如"点心"部分的三行菜单），在"段落"对话框中单击"制表位"按钮，打开"制表位"对话框，如图 3-24 所示。在"制表位位置"文本框中分别输入 2、26、30、32、54 字符。其中，2、32 字符的对齐方式都选择"左对齐"，前导符都为"1 无"；26、54 字符的对齐方式都选择"右对齐"，前导符都为"5……"；30 字符的对齐方式都选择"竖线对齐"，前导符都为"1 无"。

具体的输入方法为：在"制作位位置"文本框中输入"2 字符"，将对齐方式设置为"左对齐"，前导符设置为"1 无"，单击"设置"按钮后即设置好了一个制表位。按同样的方式分别设置 26、30、32、54 字符的制表位。最后单击"确定"按钮。

这时标尺上（"视图"选项卡→"显示"组→勾选"标尺"）的制表位效果如图 3-25 所示。

将光标定位在需要对齐的字符前按 Tab 键即可，如定位在菜单"酸"前按 Tab 键，再定位在"￥20"前按 Tab 键，再定位在"田"前按 Tab 键，再定位在本行最后的"￥20"前按 Tab 键。效果如图 3-23 所示。

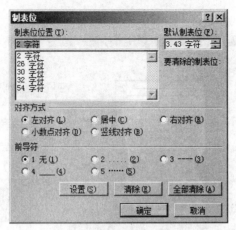

图 3-24　"制表位"对话框

图 3-25　添加上制表位后的标尺

步骤 6："点心坊菜单"文档的页面背景设置。

文档排版好了后，如果想给文档的页面添加颜色和边框以美化文档，可以通过文字处理软件提供的页面背景功能来实现。

设置页面颜色的方法是：选择"页面布局"选项卡→"页面背景"组→"页面颜色"，出现图 3-26 所示的列表，在列表中选择所需颜色即可。

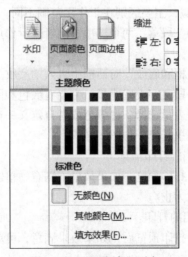

图 3-26　"页面颜色"列表

设置页面边框就是为整篇文档加上一个边框，其设置方法是：选择"页面背景"组→"页面边框"，在图 3-27 所示的"边框和底纹"对话框中选择某种边框，也可以在"艺术型"下拉列表框中选择图形符号作为边框样式，本例选择一种艺术型符号，宽度为 10。

📖 **知识要点**："边框和底纹"对话框的"边框"和"底纹"功能

如果要对一个字符、一行文字或者一段文字设置更为丰富的边框和底纹效果，可以使用"边框和底纹"对话框的"边框"和"底纹"功能来设置。

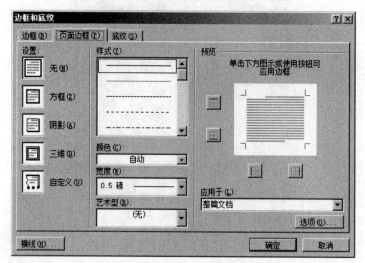

图 3-27 "边框和底纹"对话框

"字体"组的"字符边框"和"字符底纹"按钮设置的是软件系统默认的底纹和边框。其他的底纹和边框可以通过"边框和底纹"对话框的"边框"和"底纹"选项卡来实现。

如果要设置边框，可在"边框和底纹"对话框中进入"边框"选项卡，"边框"的设置方法与"页面边框"的设置方法基本类似，主要区别在于作用范围不同。对话框的右侧有一个"应用于"下拉列表框，其中有"文字"和"段落"两个选项，前者表示作用范围是选中的文字，后者表示作用范围是一整段。

如果要设置底纹，可在"边框和底纹"对话框中进入"底纹"选项卡，在"底纹"选项卡中可为一个字符、一行文字或者一段文字设置背景，主要有颜色和图案两种。如果要为文字设置背景颜色，就要在"填充"下拉列表里选择一种颜色或者自定义一种颜色。如果要为文字设置背景图案，就要在"图案"下拉列表里选择一种图案样式。

步骤 7："点心坊菜单"文档的打印预览。

对"点心坊菜单"文档进行打印预览，如果效果不满意，单击"开始"选项卡进行修改、重新排版等，直到打印预览后满意为止。

步骤 8："点心坊菜单"文档的打印。

对"点心坊菜单"文档进行打印预览后，如果效果满意，可单击"文件"菜单中的"打印"命令对文档进行打印。

整个文档的字体、颜色、字号等用户均可自行设置，但要注意随时保存文档或者设置较短的自动保存时间，建议为 1min。

3.1.3 实训

【实训 3.1】 制作一份招聘启事，"社团联合会招聘启事"的效果图如图 3-28 所示。实训要求如下。

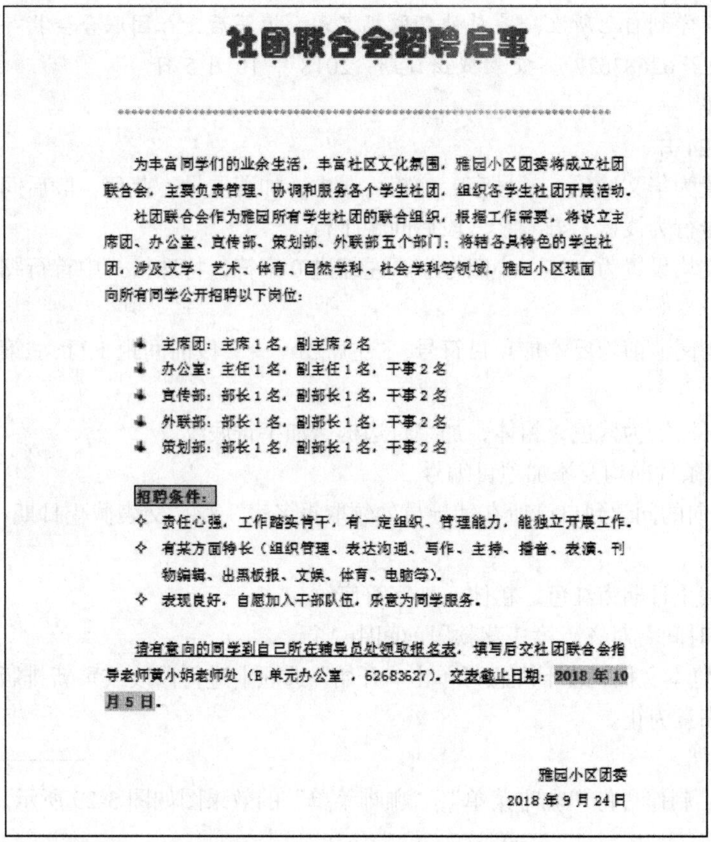

图 3-28 "社团联合会招聘启事"效果图

（1）创建一个"社团联合会招聘启事"文档，其文本内容如下所示。

社团联合会招聘启事

****

为丰富同学们的业余生活，丰富社区文化氛围，雅园小区团委将成立社团联合会，主要负责管理、协调和服务各个学生社团，组织各学生社团开展活动。

社团联合会作为雅园所有学生社团的联合组织，根据工作需要，将设立主席团、办公室、宣传部、策划部、外联部五个部门；将辖各具特色的学生社团，涉及文学、艺术、体育、自然学科、社会学科等领域。雅园小区现面向所有同学公开招聘以下岗位：

主席团：主席 1 名，副主席 2 名

办公室：主任 1 名，副主任 1 名，干事 2 名

宣传部：部长 1 名，副部长 1 名，干事 2 名

外联部：部长 1 名，副部长 1 名，干事 2 名

策划部：部长 1 名，副部长 1 名，干事 2 名

招聘条件：

责任心强，工作踏实肯干，有一定组织、管理能力，能独立开展工作。

有某方面特长（组织管理、表达沟通、写作、主持、播音、表演、刊物编辑、出黑板报、文娱、体育、计算机等）。

表现良好，自愿加入干部队伍，乐意为同学服务。

请有意向的同学到自己所在辅导员处领取报名表，填写后交社团联合会指导老师黄小娟老师处（E 单元办公室，62683627）。交表截止日期：2018 年 10 月 5 日。

雅园小区团委

2018 年 9 月 24 日

（2）标题设置为华文琥珀、一号字，加粗，居中，加着重号，蓝色，段后间距 1 行。

（3）特殊符号行为浅蓝、五号字，段后间距 1 行。

（4）所有正文均设置为宋体、小四号字，左缩进 0 字符，特殊格式中首行缩进 2 字符，行距为固定值 20 磅。

（5）所有招聘岗位前均要添加项目符号。"主席团……"段前间距 1 行，"策划部……"段后间距 1 行。

（6）"招聘条件："为紫色，粗体，加字符边框，加字符底纹。

（7）3 个招聘条件前均要添加项目编号。

（8）"请有意向的同学到自己所在辅导员处领取报名表"和"交表截止日期："加下画线，段前间距 1 行。

（9）后面的截止日期为红色，粗体，加字符底纹。

（10）落款和时间右对齐。第一落款段前间距 2 行。

（11）打印预览本文档，若不理想可单击"开始"选项卡进行修改或重新排版，再次进行打印预览，直到效果满意为止。

（12）打印文档。

【实训 3.2】 制作一份"咖啡菜单"，"咖啡菜单"的效果图如图 3-29 所示。

图 3-29 "咖啡菜单"效果图

实训要求如下。

（1）创建一个"咖啡菜单"文档并保存文档，其中文本内容如下。

Coffee

咖啡/冰咖啡

拿铁咖啡 15 元拿铁冰咖啡 20 元

康宝兰咖啡 15 元卡布奇诺冰咖啡 20 元

玛奇咖啡 15 元香草冰咖啡 20 元

绿茶咖啡 25 元焦糖冰咖啡 20 元

法式香草拿铁 15 元蓝香柑冰咖啡 20 元

意式浓缩咖啡 10 元玫瑰冰咖啡 20 元

摩卡咖啡 18 元巧克力冰咖啡 20 元

奶茶/花果茶

香草奶茶 10 元柠檬茶、玫瑰花草茶

玫瑰奶茶 10 元山楂果茶、蜂蜜柚子茶

薄荷奶茶 10 元芦荟养颜茶、秘制水果茶

木瓜奶茶 10 元花旗参茶、柠檬生姜茶

巧克力奶茶 10 元薰衣草茶、洋甘菊茶

草莓奶茶 10 元放肆情人茶、巴黎香榭茶

（2）标题"Coffee"的字符格式可以自行设置，参考设置为：Algerian 字体，初号，加粗，左缩进 0 字符，橙色个性色 6 深色 50%或自选一种颜色。

（3）"咖啡/冰咖啡"和"奶茶/花果茶"的字符格式可自行设置，参考设置为：华文琥珀，一号字，文字字符间距加宽 2 磅。

（4）其余字符设置如下。

① 华文隶书，三号字。

② 制表位的设置（可自行确定），参考设置为：0 字符（左对齐）；16 字符（右对齐、前导符（5…））；22 字符（左对齐）；40 字符（右对齐、前导符（5…））。

（5）文档的页面颜色和边框设置（可自行确定）。

边框若选艺术型符号，宽度值应减小（参考值 10）。

（6）打印预览本文档，若不理想单击"开始"选项卡进行修改或重新排版，再次打印预览，直到效果满意为止。

（7）打印文档。

3.2 图文混排的文档制作

文字处理软件具有强大的图文混排功能，即在文档中插入图形、图片、艺术字、文本框、页面边框、分栏排版，真正做到"图文并茂"，彰显文档的艺术效果。

3.2.1 实验目的

（1）掌握在文档中插入表格的方法。

（2）掌握为段落设置首字下沉、分栏、边框和底纹的方法。

（3）掌握为文档插入公式、图片和艺术字，以及流程图、文本框等对象并设置对象格式的方法。

（4）掌握为文档插入水印的方法。

（5）掌握为文档设置页眉、页脚的方法。

3.2.2 实验内容与操作步骤

【实例 3.3】 以朱自清的文章"冬天"为例（共两页），进行图文混排，并增加文档的艺术效果，文档排版后的效果如图 3-30 所示。

第一页

图 3-30 "冬天"文档的效果图

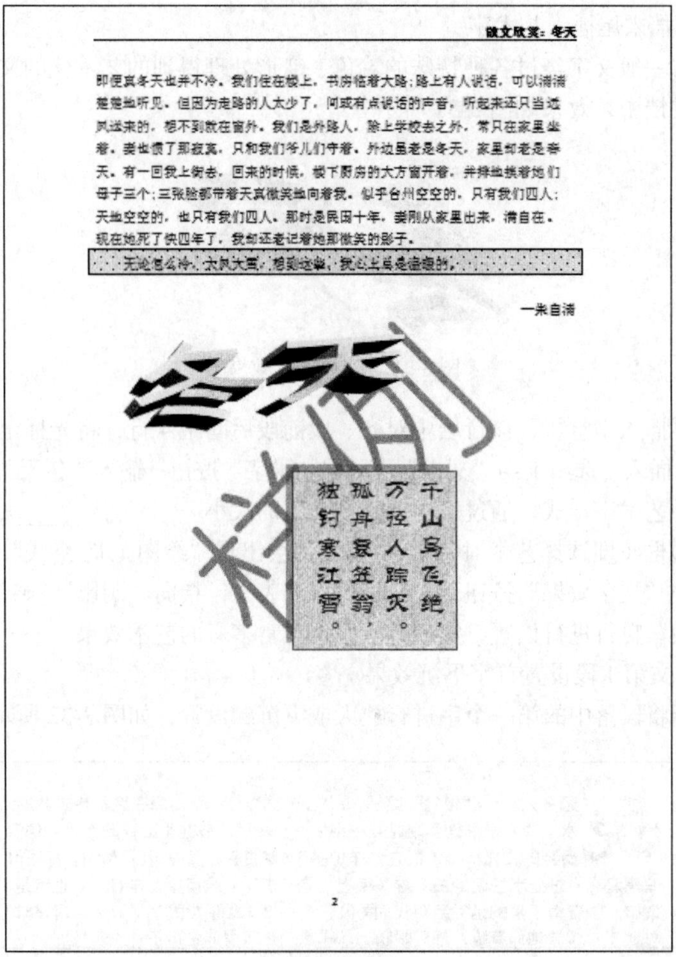
散文欣赏：冬天

即便真冬天也并不冷。我们住在楼上，书房临着大路；路上有人说话，可以清清楚楚地听见。但因为走路的人太少了，间或有点说话的声音，听起来还只当远风送来的，想不到就在窗外。我们是外路人，除上学校去之外，常只在家里坐着，妻也惯了那寂寞，只和我们爷儿们守着。外边虽老是冬天，家里却老是春天。有一回我上街去，回来的时候，楼下厨房的大方窗开着，并排地挨着她们母子三个；三张脸都带着天真微笑地向着我。似乎台州空空的，只有我们四人；天地空空的，也只有我们四人。那时是民国十年，妻刚从家里出来，满自在。现在她死了快四年了，我却还老记着她那微笑的影子。

无论怎么冷，大风大雪，想到这些，我心上总是温暖的。

——朱自清

冬天

千山鸟飞绝，
万径人踪灭。
孤舟蓑笠翁，
独钓寒江雪。

2

第二页

图 3-30 “冬天”文档的效果图（续）

操作步骤如下。

步骤 1：新建一个空白文档并进行保存。

启动文字处理软件后，从网上搜索并载入朱自清的文章“冬天”，并保存为“冬天”。

步骤 2：编辑文档。

由于载入的素材“冬天”的文本中可能存在大量的手动换行符“↓”，或者空格，或者多余的段落标记，所以编辑本文档时，先将手动换行符全部替换为段落标记符、删除文档中存在的多余的空格和多余的空行。

步骤 3：设置文档的字体和段落格式。

设置全文为宋体、小四号字，段前段后 0 行，行间距为固定值 19 磅、左缩进 0 字符，首行缩进 2 字符（注意，首行已缩进的（即自然段前空 2 字符），此操作就省略）。

第一行“朱自清散文”设置为华文楷体、四号，加粗，左对齐。

标题行“冬天”设置为华文琥珀、一号字，字符缩放 200，间距加宽 10 磅（也可自行设置字体和字号），自行设置文本效果的样式、阴影及发光等（“开始”选项卡→“字体”组中的 A 按钮），居中对齐，段后间距 1 行。

文档最后的落款行设置为右对齐，段前 1 行。

步骤 4：在文档末尾插入艺术字。

艺术字是指将一般文字经过各种特殊的着色、变形处理得到的艺术化的文字，将艺术字作为一个对象插入在文档中，效果如图 3-31 所示。

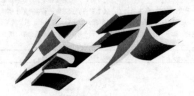

图 3-31 “艺术字”效果图

在本文档末尾插入一空行，该行居中对齐、段前段后间距 4 行，将光标定位于准备插入艺术字的这行，单击“插入”选项卡→“文本”组→“艺术字”按钮；输入“冬天”，在“艺术字样式”列表框中选择一种艺术字样式，通过边框调整艺术字的大小。

选择艺术字边框（即选择艺术对象），屏幕顶部会出现“绘图工具/格式”选项卡，单击“艺术字样式”组中的“文字效果”按钮，在文字效果列表中，指向“阴影”“映像”“发光”“棱台”“三维旋转”“转换”自行进行设置，实现艺术字更丰富多彩的艺术效果。

步骤 5：为正文第 1 段设置首字下沉效果。

首字下沉是指将段落中的第一个字进行放大或下沉的设置，如图 3-32 所示。

说起冬天，忽然想到豆腐，是一“小洋锅”（铝锅）白煮豆腐，热腾腾的，水滚着，像好些鱼眼睛，一小块一小块豆腐养在里面，嫩而滑，仿佛反穿的白狐大衣。锅在“洋炉子”（煤油不打气炉）上，和炉子都熏得乌黑乌黑，越显出豆腐的白。这是晚上，屋子老了，虽点着“洋灯”，也还是阴暗。围着桌子坐的是父亲跟我们哥儿三个。“洋炉子”太高了，父亲得常常站起来，微微地仰着脸，觑着眼睛，从氤氲的热气里伸进筷子，夹起豆腐，一

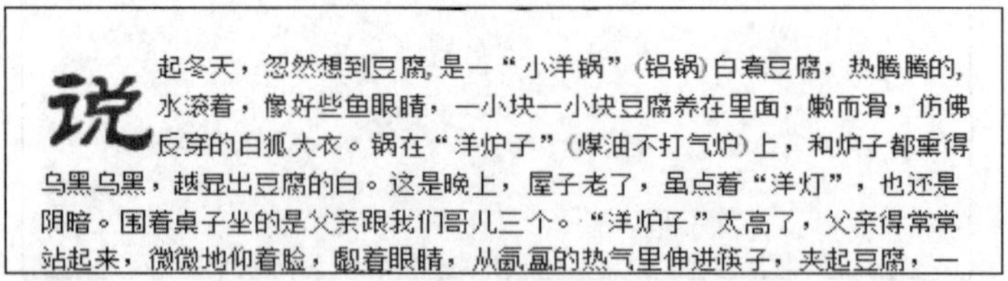

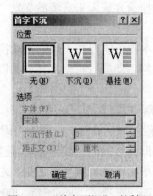

图 3-32 “首字下沉”下沉效果

首字下沉效果有两种设置方式：首字悬挂和首字下沉。其中，首字悬挂是将首字下沉后，悬挂于页边距之外；首字下沉是指将首字下沉后，放置于页边距之内，图 3-33 所示为“首字下沉”对话框中的下沉和悬挂效果。

图 3-33 “首字下沉”对话框

将光标定位于正文第一段（“说起冬天……”），删除本段前面的空格，单击“插入”选项卡→“文本”组→“首字下沉”按钮，在“首字下沉”列表中，根据需要选择“下沉”或“悬挂”，这

时出现的是系统默认的效果。若单击最后一项"首字下沉"选项，将弹出图 3-33 所示的"首字下沉"对话框，在该对话框中可进一步设置字体、下沉行数及距正文的距离。该下沉的字还可以通过"开始"选项卡→"字体"组中的字体、字号、加粗、文本效果等自行设置更多效果。

步骤 6：为正文第 2 段设置分栏效果。

分栏是将一个文本分为几个竖栏，如图 3-34 所示。

又是冬天，记得是阴历十一月十六晚上，跟 S 君 P 君在西湖里坐小划子。S 君刚到杭州教书，事先来信说："我们要游西湖，不管它是冬天。"那晚月色真好，现在想起来还像照在身上。本来前一晚是"月当头"：也许十一月的月亮真有些特别吧。那时九点多了，湖上似乎只有我们一只划子。有点风，月光照着软软的水波：当间那一溜儿反光，像新砑的银子。湖上的山只剩了淡淡的影子。山下偶尔有一两星灯火。S 君口在台州过了一个冬天，一家四口子。台州是个山城，可以说在一个大谷里。只有一条二里长的大街。别的路上白天简直不大见人：晚上一片漆黑。偶尔

占两句诗道："数星灯火认渔村，淡墨轻描远岫痕。"我们都不大说话，只有均匀的桨声。我渐渐地快睡着了。P 君"喂"了一下，才抬起眼皮，看见他在微笑。船夫问要不要上净寺去：是阿弥陀佛生日，那边蛮热闹的。到了寺里，殿上灯烛辉煌，蔷是佛婆念佛的声音，好像醒了一场梦。这已是十多年前的事了，S 君还常常通着信，P 君听说转变了好几次，前年是在一个特税局里收特税，

图 3-34 "分栏"效果

选择正文第 2 段，单击"页面布局"选项卡→"页面设置"组→"分栏"按钮，然后选择需要的分栏模式。如果有其他要求（如加分割线），可单击"更多分栏"按钮，打开图 3-35 所示"分栏"对话框，从中选择需要的"栏数""宽度和间距"及"分隔线"等。

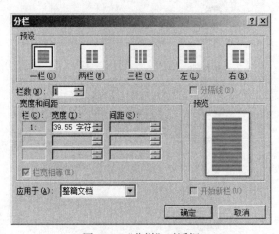

图 3-35 "分栏"对话框

步骤 7：为正文第 4 段设置段落边框和底纹，如图 3-36 所示。

无论怎么冷，大风大雪，想到这些，我心上总是温暖的。

图 3-36 设置段落边框和底纹

选择正文第 4 段（"无论怎么冷……"），打开"边框和底纹"对话框（方法为："开始"选项卡→"段落"组→"边框和底纹"按钮；或"页面布局"选项卡→"页面背景"组→"页面边框"按钮）。

切换至"边框"选项卡，选择一种"边框""样式""颜色"和"宽度"，在"应用于"下拉列表框中选择"段落"，这表示作用范围是一个段落（若选择"文字"，则表示作用范围是选中的文字）。

切换至"底纹"选项卡，选择一种"填充"颜色或"图案"样式。

步骤8： 在文档中插入插图（如"形状"图形、剪贴画、图片）。

利用"插入"选项卡→"插图"组的功能，可以在文章中插入相关的插图。

（1）插入"形状"图形

在文档中插入"心形"和"线条"图形，效果如图 3-37 所示。

图 3-37 "形状"图形效果

单击"插入"选项卡→"插图"组→"形状"按钮，在"形状"下拉列表（见图 3-38）中单击需要绘制的形状，即可在文档中光标的位置插入"形状"图形，如"线条""基本形状""箭头""流程图""星与旗帜""标注"等，使用鼠标右键单击插入的图形，还可以为图形"添加文字""设置环绕方式""设置形状格式"等。

图 3-38 "形状"下拉列表

（2）插入图片

在文档中插入有关图片（可自选），效果如图 3-39 所示。

方法为：首先把光标定位到要插入图片的位置，然后单击"插入"选项卡→"插图"组→"图片"按钮，在弹出的"插入图片"对话框中，找到需要插入的图片（可自行选定），然后单击"插入"按钮即可。使用鼠标右键单击插入的图片，在弹出的菜单中选择图片与文字的环绕方式，如图 3-40 所示，并调整图片的大小和位置。

图 3-39　插入图片效果　　　　　　　　　　　图 3-40　图片的"文字环绕方式"

（3）插入"SmartArt 图形"

SmartArt 图形是信息和观点的视觉表示形式，可以通过选择多种不同布局来创建 SmartArt 图形，从而快速、轻松、有效地传递信息。借助文字处理软件提供的 SmartArt 功能，用户可以在文档中插入丰富多彩、表现力丰富的 SmartArt 示意图。

单击"插入"选项卡→"插图"组→"SmartArt"按钮，在图 3-41 所示的"选择 SmartArt 图形"对话框中选择需要的 SmartArt 图形，并单击"确定"按钮。返回文档窗口，在插入的 SmartArt 图形中单击文本占位符输入合适的文字（如本例中的"两个黄鹂鸣翠柳，一行白鹭上青天。窗含西岭千秋雪，门泊东吴万里船。"）。

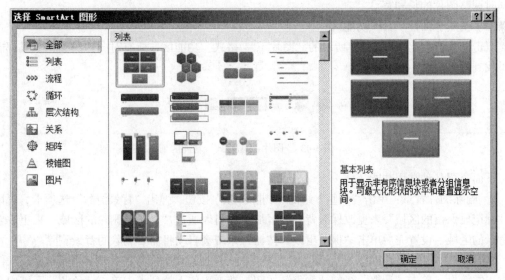

图 3-41　"选择 SmartArt 图形"对话框

单击 SmartArt 图形，调整其大小，并在顶部出现的 SmartArt 工具的"格式"选项卡中单击"排序"组→"位置"按钮，选择合适的文字环绕，最终效果如图 3-42 所示。

图 3-42　SmartArt 的"文字环绕"

📖 知识要点：形状图形、剪贴画、图片、SmartArt 等插图的文字环绕

文字环绕是指图片与文本的关系。一般在文档中插入图片后，都应该设置其文字环绕方式。图片共有 7 种文字环绕方式，分别为嵌入型、四周型、紧密型、穿越型、上下型、衬于文字下方和浮于文字上方。每种环绕方式中，图片与文字的相互关系不尽相同，如果这些环绕方式不能满足用户的需求，则可以在列表里选择"其他布局"选项，以便选择更多的环绕方式。

📖 知识要点：形状图形、剪贴画、图片等插图的编辑

单击要编辑的图片，图片四周会出现 9 个控制点。其中，4 条边上出现 4 个小方块，角上出现 4 个小圆点，这些小方块和小圆点称为尺寸控制点，可以用来调整图片的大小；图片上方有一个绿色的旋转控制点，可以用来旋转图片。

（1）缩放图片

将鼠标移到图片边缘的小方块上，鼠标指针会变成横向或者纵向的双向箭头，拉动鼠标就能调整图片长度或者宽度。将鼠标移到圆点上，鼠标指针会变成偏左或偏右的双向箭头，拉动鼠标能同时调整图片的长和宽。

（2）使用"图片工具"功能区

双击图片，会出现图 3-43 所示的"图片工具/格式"功能区，所有对图片的编辑工具都能在这里找到。

图 3-43　"图片工具/格式"功能区

下面介绍几种常用功能。

① 删除图片背景：单击"调整"组的"删除背景"按钮，弹出"背景清除"选项卡，可以通过"标记要保留的区域"来更改保留背景的区域，也可以通过"标记要删除的区域"来更改要删除背景的区域，设置完后单击"保留更改"按钮，系统会自动将需要删除的背景删除。

② 调整图片色调：当图片过暗或者曝光不足时，可通过调整图片的色调、亮度等操作来使其恢复正常效果。单击"调整"组的"颜色"按钮，在弹出的下拉列表中单击"色调"区域内合适的"色温"图标。

③ 调整颜色饱和度：单击"调整"组的"颜色"按钮，在弹出的下拉列表中单击"颜色饱和度"区域内合适的"颜色饱和度"图标。

④ 调整图片的亮度和对比度：单击"调整"组的"更正"按钮，在弹出的下拉列表中单击"亮

度和对比度"区域内合适的亮度和对比度。

⑤ 裁剪图片：单击"大小"组的"裁剪"按钮，图片上会出现一些黑色控制点，将鼠标指针移到图片的这些控制点上，拖动鼠标就能对图片做适当的裁剪操作。

步骤 9：在文章最后一页插入文本框。

文本框是储存文本的图形框，对于文本框中的文本，用户可以像对普通文本那样进行各种编辑和格式设置操作，对于整个文本框，用户又可以像对图形、图片等对象那样进行移动、复制、缩放等操作，用户还可以建立文本框之间的链接关系。"文本框"效果如图 3-44 所示。

图 3-44　"文本框"效果

（1）插入文本框

将光标定位在文章最后一页的空白处，单击"插入"选项卡→"文本"组→"文本框"按钮，在弹出的下拉列表中选择一个竖排的文本框，此时，文档中就插入了一个竖排的文本框。在文本框内部输入柳宗元的绝句"千山鸟飞绝，万径人踪灭。孤舟蓑笠翁，独钓寒江雪。"，并自行进行编辑和格式设置（如字体、字号、字形等）。

（2）调整文本框大小

单击文本框边框，通过鼠标拉动文本框边角上的控制点来调整文本框大小。也可以用鼠标右键单击文本框的边框，在弹出的快捷菜单中选择"设置形状格式"命令，在打开的"设置图片格式"对话框中切换到"大小"选项卡，在"高度"和"宽度"绝对值编辑框中分别输入具体数值，以设置文本框的大小，最后单击"确定"按钮。

（3）移动文本框位置

用户可以在文档页面上自由移动文本框的位置，而不会受到页边距、段落设置等因素的影响。单击文本框的边框，待鼠标指针变成四向箭头形状时，按住鼠标左键拖动文本框即可移动其位置。

（4）设置文本框环绕方式

鼠标右键单击文本框边框，在"自动换行"文字环绕方式列表中设置文本框的文字环绕方式。所谓文本框的文字环绕方式是指文本框周围的文字以何种方式环绕文本框，默认设置为"浮于文字上方"环绕方式。

（5）改变文本框的文字方向

文本框的默认文字方向为水平方向，即文字从左向右排列。用户可以根据实际需要将文字方向设置为从上到下排列，方法为：首先单击需要改变文字方向的文本框，在"绘图工具/格式"选项卡的"文本"组中单击"文字方向"按钮，然后"文字方向"列表中选择需要的文字方向。

（6）为文本框设置更多效果（如边框样式、填充色、阴影效果、三维效果等）

选中文本框会出现"绘图工具/格式"选项卡，与文本框操作相关的工具基本都在这里。用户可使用图 3-45 中的工具,自行设置文本框的更多效果,如文本框的边框样式、线条颜色、线型、阴影效果、三维效果等多种效果。

图 3-45 "绘图工具/格式"选项卡

(7)设置文本框边距和垂直对齐方式

默认情况下,文本框的垂直对齐方式为顶端对齐,文本框内部左右边距为 0.25cm、上下边距为 0.13cm。这种设置符合大多数用户的需求,不过用户也可以根据实际需要设置文本框的边距和垂直对齐方式。方法为:用鼠标右键单击文本框,选择"设置形状格式"命令,在打开的"设置形状格式"对话框中切换到图 3-46 所示的"文本框"选项卡,在"内部边距"区域设置具体的数值即可。

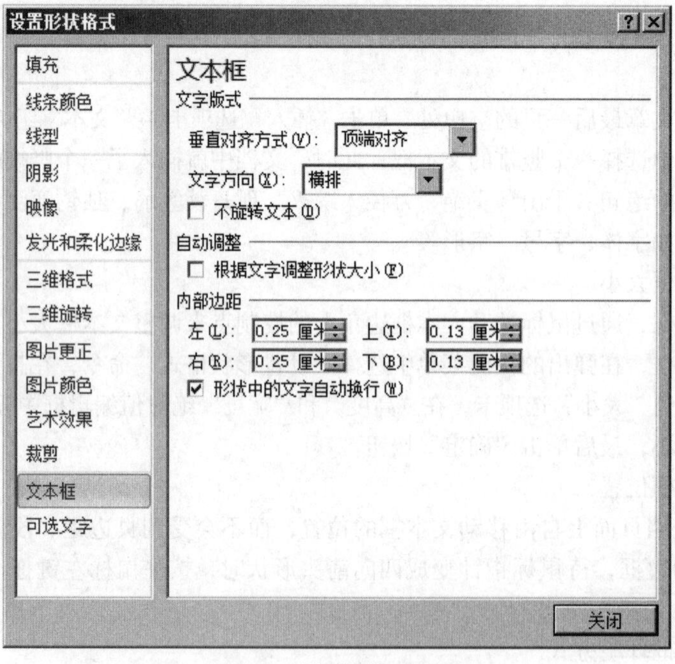

图 3-46 "文本框"选项卡

步骤 10:在文档中插入水印。

有时为了表示要将文章特殊对待,常常会在页面内容下面插入虚影文字,这就是文字处理软件的水印功能,如图 3-47 所示的"样例"文字。

单击"页面布局"选项卡→"页面背景"组→"水印"按钮→"自定义水印"命令,在打开的图 3-48 所示的"水印"对话框中,选中"文字水印"单选按钮,然后输入或选择水印文字、字体、字号、颜色及版式即可。

步骤 11:在文档中插入页眉和页脚。

页眉和页脚是文档中每个打印页面的顶部和底部的区域,可以在这个区域插入页码、日期、图表和其他信息等，这些信息就显示在文档每页的顶部或底部，如图 3-49 所示的"散文欣赏：冬天"和数字"1"。

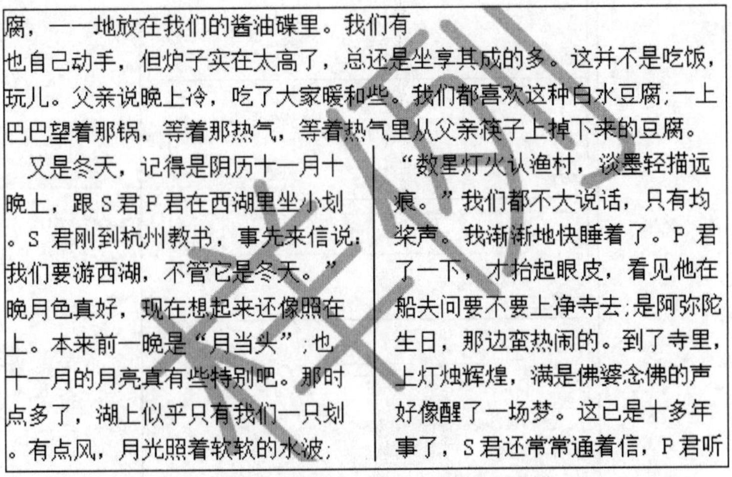

腐，——地放在我们的酱油碟里。我们有
也自己动手，但炉子实在太高了，总还是坐享其成的多。这并不是吃饭，
玩儿。父亲说晚上冷，吃了大家暖和些。我们都喜欢这种白水豆腐；一上
巴巴望着那锅，等着那热气，等着热气里从父亲筷子上掉下来的豆腐。

又是冬天，记得是阴历十一月十 　　"数星灯火认渔村，淡墨轻描远
晚上，跟 S 君 P 君在西湖里坐小划 痕。"我们都不大说话，只有均
。S 君刚到杭州教书，事先来信说： 桨声。我渐渐地快睡着了。P 君
我们要游西湖，不管它是冬天。" 了一下，才抬起眼皮，看见他在
晚月色真好，现在想起来还像照在 船夫问要不要上净寺去；是阿弥陀
上。本来前一晚是"月当头"；也 生日，那边蛮热闹的。到了寺里，
十一月的月亮真有些特别吧。那时 上灯烛辉煌，满是佛婆念佛的声
点多了，湖上似乎只有我们一只划 好像醒了一场梦。这已是十多年
。有点风，月光照着软软的水波， 事了，S 君还常常通着信，P 君听

图 3-47　"水印"效果

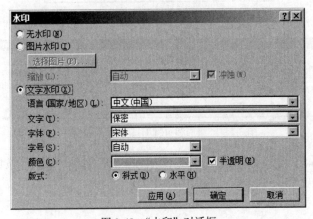

图 3-48　"水印"对话框

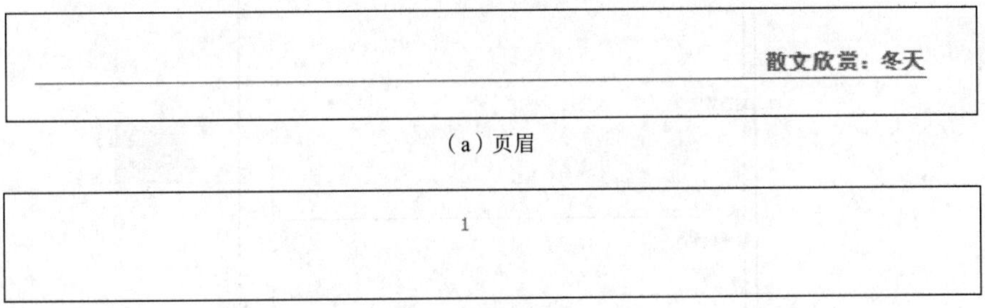

散文欣赏：冬天

（a）页眉

1

（b）页码

图 3-49　页眉和页码

　　单击"插入"选项卡"→"页眉和页脚"组→"页眉"按钮，在打开的页眉列表（见图 3-50）中选择合适的页眉样式，输入页眉文字信息"散文欣赏：冬天"，删除下面的空行（若存在），同时自行设置格式（如黑体、五号字、加粗、右对齐等）。

　　与此同时，单击在文档窗口顶部出现"页眉和页脚工具/设计"选项卡，如图 3-51 所示。

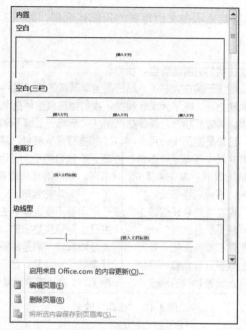

图 3-50 "页眉"下拉列表

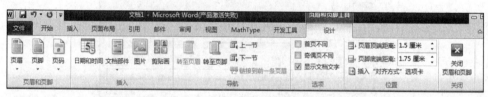

图 3-51 "页眉和页脚工具/设计"选项卡

单击"页眉和页脚工具/设计"选项卡→"页眉和页脚"组→"页码"按钮，在其列表中选择页码的位置和样式（见图 3-52），即可插入页码。

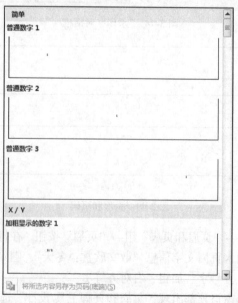

图 3-52 "页码"列表

单击“页眉和页脚工具/设计”选项卡→“关闭页眉和页脚”按钮，可以退出页眉/页脚的编辑。

📖 知识要点：“页眉和页脚工具/设计”选项卡的其他功能

在“页眉和页脚工具/设计”选项卡的“位置”组中可以调整“页眉顶端距离”和“页脚底端距离”编辑框的数值，以设置页眉或页脚的页边距。

选择“首页不同”或者“奇偶页不同”以给文档设置个性化的页眉/页脚。“首页不同”是指将文档第一页的页眉/页脚与文档其他页的页眉/页脚设置成不同的样式。“奇偶页不同”是指将文档的奇数页和偶数页的页眉/页脚设置成不同的样式。

在页眉/页脚中，除了可以添加常规的文本外，还可以插入很多其他项目，如页码、时间和日期等。

【实例 3.4】 制作图 3-53 所示的“学生信息登记表”。

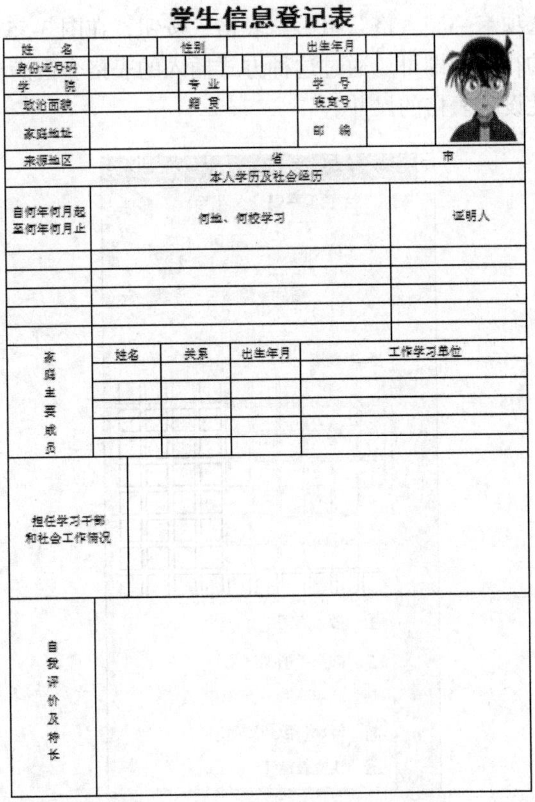

学生信息登记表

姓 名 | 性别 | 出生年月
身份证号码
学 院 | 专 业 | 学 号
政治面貌 | 籍 贯 | 寝室号
家庭地址 | 邮 编
来源地区 | 省 | 市
本人学历及社会经历
自何年何月起至何年何月止 | 何地、何校学习 | 证明人
家庭主要成员 | 姓名 | 关系 | 出生年月 | 工作学习单位
担任学习干部和社会工作情况
自我评价及特长

图 3-53 “学生信息登记表”效果图

操作步骤如下。

步骤 1： 新建一个空白文档并将之保存为“学生信息登记表”。

启动文字处理软件后新建一个文档，纸张大小和方向及页边距保持默认设置不变。将文档保存为“学生信息登记表”，输入表格标题“学生信息登记表”，并自行设置字符和段落格式。

步骤 2： 创建表格。

将光标定位在标题行的下一行，单击“插入”选项卡→“表格”组→“表格”按钮，在打开的“表格”列表中选择“插入表格”命令打开“插入表格”对话框，如图 3-54 所示。在“表格尺寸”区域设置表格的列数和行数，然后单击“确定”按钮。

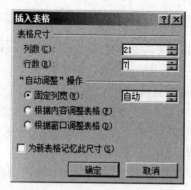

图 3-54 "插入表格"对话框

📖 **知识要点：创建表格的其他方法**

（1）单击"插入"选项卡→"表格"组→"表格"按钮，在图 3-55 所示的"表格"列表中，拖动鼠标选择合适数量的行和列即可。通过这种方式插入的表格会占满当前页面的全部宽度，用户可以通过修改表格属性设置表格的尺寸。

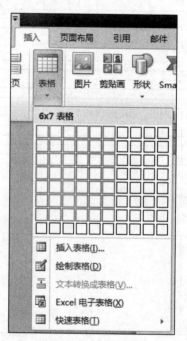

图 3-55 "表格"列表

（2）单击"插入"选项卡→"表格"组→"表格"按钮，在打开的"表格"列表中选择"绘制表格"命令，待鼠标指针呈铅笔形状时拖动鼠标左键即可绘制表格边框，然后在适当的位置绘制行和列。"表格工具/设计"选项卡如图 3-56 所示，通过其中的工具及命令可以对表格的格式或样式进行设置。

步骤 3：编辑表格。

（1）合并单元格

合并单元格是指将两个或两个以上的单元格合并成一个大单元格，图 3-57 所示即为本实例合并的单元格。

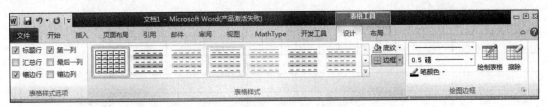

图 3-56　"表格工具/设计"选项卡

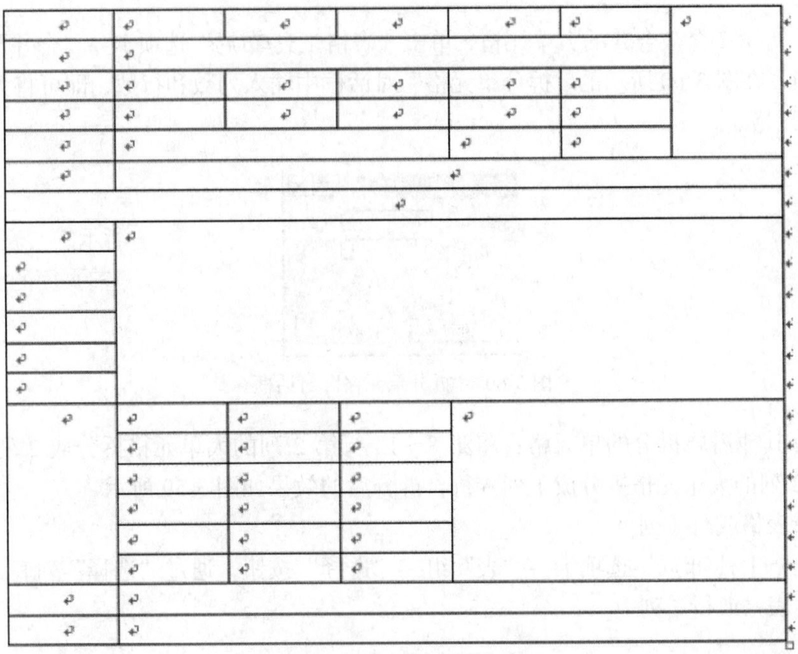

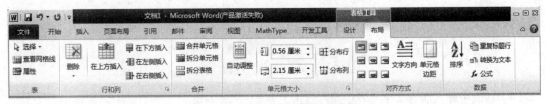

图 3-57　"合并单元格"效果

选中第 1～5 行第 7 列的 5 个单元格，单击鼠标右键，在弹出的快捷菜单中选择"合并单元格"命令或单击"表格工具/布局"选项卡（见图 3-58）→"合并"组→"合并单元格"按钮即可合并单元格。

图 3-58　"表格工具/布局"选项卡

接着合并其他需要合并的单元格：第 2 行第 2～6 列的单元格；第 5 行第 2～4 列的单元格；第 6 行第 2～7 列的单元格；第 7 行第 1～7 列的单元格；第 8～13 行第 2～7 列的单元格；第 14～19 行第 1 列的单元格；第 14～19 行第 5～7 列的单元格；第 20 行第 2～7 列的单元格；第 21 行第 2～7 列的单元格，合并后的效果如图 3-57 所示。

（2）拆分单元格

拆分单元格是指将一个单元格拆分成两个或两个以上的单元格，拆分效果如图 3-59 所示。

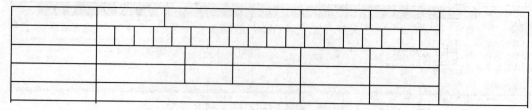

图 3-59　"拆分单元格"效果

选中第 2 行第 2 个被合并的大单元格，单击"表格工具/布局"选项卡→"合并"组→"拆分单元格"按钮，在图 3-60 所示的"拆分单元格"对话框中输入列数和行数，即可将大单元格拆分成 18 个小单元格。

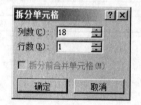

图 3-60　"拆分单元格"对话框

接着拆分其他需要拆分的单元格：将第 8～13 行第 2 列的大单元格拆分成 2 列 6 行；将第 14～19 行第 2 列的大单元格拆分成 1 列 6 行，拆分后的效果如图 3-59 所示。

（3）选择表格或行（列）

单击"表格工具/布局"选项卡→"表"组→"选择"按钮，通过"选择"列表（见图 3-61）可以选择整个表格或行（列）。

图 3-61　"选择"列表

（4）在表中输入所有文字（其中照片自选）

学生信息登记表

姓　　名　　　　性别　　　　出生年月

身份证号码

学　　院　　　　专业　　　　学　号

政治面貌　　　　籍贯　　　　寝室号

家庭地址　　　　邮编

来源地区　　　　省　　　　　市

本人学历及社会经历
自何年何月起至何年何月止　　何地、何校学习　　证明人
家庭主要成员　　姓名　　关系　　出生年月　　工作学习单位
担任学习干部和社会工作情况
自我评价及特长

（5）设置表格文字的对齐方式

选择整个表格，自行设置表中所有文字的字体、字号等，单击“表格工具/布局”选项卡→“对齐方式”组→有关按钮，选择需要的对齐方式（本例选择水平居中），设置完后效果如图 3-62 所示。

<table>
<tr><td rowspan="6">家
庭
主
要
成
员</td><td>姓名</td><td>关系</td><td>出生年月</td><td>工作学习单位</td></tr>
<tr><td></td><td></td><td></td><td></td></tr>
<tr><td></td><td></td><td></td><td></td></tr>
<tr><td></td><td></td><td></td><td></td></tr>
<tr><td></td><td></td><td></td><td></td></tr>
<tr><td></td><td></td><td></td><td></td></tr>
<tr><td>担任学习干部
和社会工作情况</td><td colspan="4"></td></tr>
</table>

图 3-62　设置表格文字的对齐方式

（6）调整单元格的列宽和行高

调整单元格的列宽方法是：选择需要调整的列或单元格，在“表格工具/布局”选项卡→“单元格大小”组→“表格列宽”微调框中输入数字，按 Enter 键确认输入后，该列单元格的宽度即会调整为输入值。用户也可以直接使用鼠标拖动边框线的方式直接调整列宽。调整单元格行高的方式与之类似。

本实例需调整的列宽和行高如下：将鼠标指针放置到第 1 根列线上，指针呈水平双向箭头↔，向左拖动调整第 1 列列宽；选择调整第 3～4 行第 2 列的两个单元格，向右拖动右边框线调整列宽；选择“何地、何校学习”6 个单元格，向右拖动右边框线调整列宽；将鼠标指针放置到第 9 根（“何地、何校学习”下方）行线上，指针呈垂直双向箭头↕，向下拖动调整第 8 行行高；选择“担任学习干部和社会工作情况”单元格，向右拖动右边框线调整列宽，同时将鼠标指针放置到“担任学习干部和社会工作情况”下方的行线上，向下拖动调整行高；将鼠标指针放置到最后行下方的行线上，向下拖动调整行高；将鼠标指针放置到最右边的列线上，向右拖动适当调整最后列的列宽。调整后的表格如图 3-53 所示。

表格的对齐方式的设置：单击“表格工具/布局”选项卡→“表”组→“属性”按钮，打开图 3-63 所示的“表格属性”对话框。切换到“表格”选项卡，选择表格在页面中的对齐方式为“居中”。

步骤 4：设置页面颜色、纸张和页边距，预览打印效果并打印文档。

自行设置“学生信息登记表”的页面颜色、纸张和页边距，通过打印预览观察文档的整体效果，如不满意，返回“开始”选项卡进行编辑，直至用户满意，方可打印该文档。

图 3-63　"表格属性"对话框

📖 知识要点：编辑表格的其他功能

制作表格时，用户可以根据实际需要插入或删除表格中的行（列或单元格）、调整单元格宽度、对齐表格、拆分表格、将文本转换成表格、将表格转换成文本等。

（1）插入行或列

方法一：右键单击要插入的整行或整列的相邻任意单元格，在弹出的快捷菜单中选择"插入"命令，并在下一级菜单中选择"在左侧插入列""在右侧插入列""在上方插入行"或"在下方插入行"命令，如图 3-64 所示。

方法二：单击要插入的整行或整列的相邻任意单元格。单击"表格工具/布局"选项卡→"行和列"组→"在上方插入""在下方插入""在左侧插入"或"在右侧插入"按钮，即可插入整行或整列，如图 3-64 所示。

（a）方法一　　　　　　　　　　　　　　　（b）方法二

图 3-64　插入行或列的两种方法

（2）插入单元格

右键单击需要插入的单元格的相邻单元格，在弹出的快捷菜单中选择"插入"命令，并在下一级菜单中选择"插入单元格"命令，如图 3-65 所示。

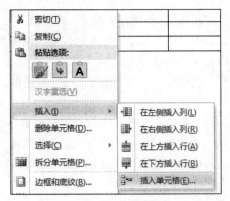

图 3-65　插入单元格

在打开的"插入单元格"对话框中，选中"活动单元格右移"选项，如图 3-66 所示，然后单击"确定"按钮即可在右侧插入一个单元格（如果选中"活动单元格下移"选项则会插入整行）。

（3）删除行、列或单元格

方法一：选中需要删除的表格的整行或整列，单击鼠标右键，在弹出的快捷菜单中选择"删除单元格"命令打开"删除单元格"对话框，如图 3- 67 所示，选择相关选项，然后单击"确定"按钮即可。

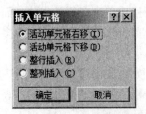

图 3-66　"插入单元格"对话框

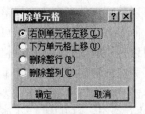

图 3-67　"删除单元格"对话框

方法二：在表格中单击需要删除的整行或整列中的任意一个单元格，单击"表格工具/布局"选项卡→"行和列"组→"删除"按钮，在下拉菜单中选择"删除行""删除列"或"删除单元格"命令即可，如图 3-68 所示。

图 3-68　删除行、列或单元格

（4）拆分表格

用户可以根据实际需要将一个表格拆分成多个表格。具体方法是：单击表格拆分的分界行中任意单元格，单击"表格工具/布局"选项卡→"合并"组→ "拆分表格"按钮即可。

（5）设置表格属性

右键单击准备改变行高或列宽的单元格，选择"表格属性"命令（或单击"表格工具/布局"

选项卡→"表"组→"属性"按钮），打开"表格属性"对话框。

切换到"表格"选项卡，选中"指定宽度"复选框，可以调整表格宽度数值，还可以设置表格在页面中的对齐方式和表格与文字的环绕方式。

切换到行（或列、单元格）选项卡，选中"指定宽度"复选框，可以调整宽度数值。

（6）设置边框和底纹

选择表格内部的任意单元格，单击"表格工具/设计"选项卡→"表格样式"组→"底纹"按钮/"边框"按钮，即可设置底纹或边框的样式。单击"底纹"按钮会出现底纹颜色选择框，从中可以选择需要的颜色作为底纹；单击"边框"按钮旁的下三角箭头，则会打开边框选择框，从中可以非常方便地选择需要的边框样式。

（7）表格自动套用格式

如果既想让表格美观，又想非常方便地达到效果，可以使用自动套用格式功能，在"表格工具/设计"→"表格样式"组中有很多预设的表格样式缩略图，如果对这些样式不满意，可以单击缩略图最右侧的滚动条来查看其他的表格样式，找到满意的样式后单击该样式对应的按钮就会自动完成样式设置。

（8）将文本转换成表格

在文字处理软件中用户可以很容易地将文本转换成表格，其中关键的操作是使用分隔符号将文本合理分隔。文字处理软件能够识别的常见分隔符有段落标记、制表符和英文半角的逗号等。例如，对于只有段落标记的多个文本段落，可以将其转换成单列多行的表格；而对于同一个文本段落中含有多个制表符或逗号的文本，可以将其转换成单行多列的表格；包含多个段落、多个分隔符的文本则可以转换成多行多列的表格。

具体方法：为准备转换成表格的文本添加分隔符，如英文半角的逗号。选中需要转换成表格的所有文字，单击"插入"选项卡→"表格"组→"表格"按钮，在打开的"表格"列表中选择"文本转换成表格"命令，打开图 3-69 所示的"将文字转换成表格"对话框。在"列数"编辑框中将出现转换生成表格的列数，如果该列数为 1，而实际是多列，则说明分隔符使用不正确（如使用了中文逗号），需要返回上面的步骤修改分隔符。在"'自动调整'操作"区域可以选中"固定列宽""根据内容调整表格""根据窗口调整表格"单选按钮，用以设置转换生成的表格列宽。在"文字分隔位置"区域已自动选中文本中使用的分隔符，如果不正确可以重新选择。设置完毕单击"确定"按钮，之前的文本就会变成表格的形式。

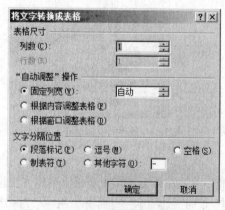

图 3-69 "将文字转换成表格"对话框

（9）将表格转换成文本

选中表格，单击"表格工具/布局"选项卡→"数据"组→"转换为文本"按钮，打开的"表格转换成文本"对话框，如图 3-70 所示，选择默认的文字分隔符"制表符"，单击"确定"按钮，表格即变回到文本格式。

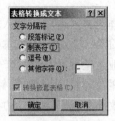

图 3-70　"表格转换成文本"对话框

（10）表格中的数据处理

在文字处理软件中不仅可以创建表格，还可以对表格中的数据进行简单的排序和计算等操作，只是数据处理不是文字处理软件的强项，电子表格软件具有更强的数据处理能力，因此这里就不再赘述文字处理软件的数据处理功能。

【实例 3.5】　制作图 3-71 所示的"毕业生就业协议书签订流程"。

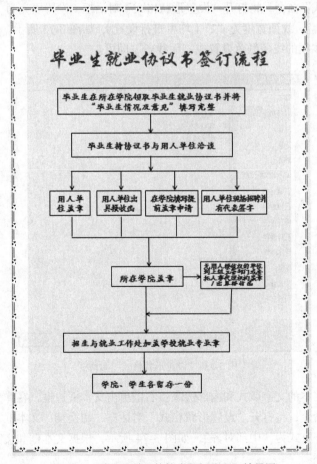

图 3-71　"毕业生就业协议书签订流程"效果图

操作步骤如下。

步骤 1：新建一个空白文档并将之保存为"毕业生就业协议书签订流程"。

新建一个文档，纸张大小和方向及页边距保持默认设置不变，为文档输入标题"毕业生就业协议书签订流程"，并自行设置标题的字体、字号、颜色及段前段后间距。

步骤 2：绘制文本框。

插入文本框并输入文本及设置文本格式：单击"插入"选项卡→"文本"组→"文本框"按钮，在其列表中选择"绘制文本框"命令，绘制一个文本框，并在框内输入文本"毕业生在所在学院领取毕业生就业协议书并将'毕业生情况及意见'填写完整"。选择文本，自行设置文本的字体、字号、颜色（后面有些文本框中的文本需要紧缩），并将行距固定值设为 18。

调整文本框的大小和位置；单击文本框边框，拖动边框线上的控制点（见图 3-72）至合适大小，拖动文本框边框调整其位置使其在本行居中。

毕业生持协议书与用人单位洽谈

图 3-72　文本框的控制点

设置文本框边框的填充颜色、线条颜色和线型：右键单击文本框边框，在弹出的快捷菜单中选择"设置形状格式"命令，将打开"设置形状格式"对话框，设置填充为"无填充"、线条颜色为"实线"的"深蓝"、线型宽度为"2"（均可自行设置），如图 3-73 所示。如果不需要文本框的边框线，只需将文本框的线条颜色设置成"无线条"即可。

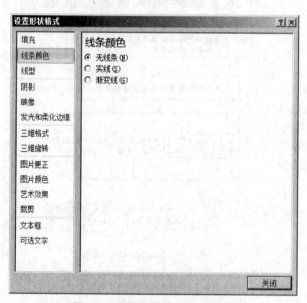

图 3-73　"设置形状格式"对话框

设置文本框中文本的文字版式和内部边缘：右键单击文本框边框，在弹出的快捷菜单中选择"设置形状格式"，命令，将打开"设置形状格式"对话框，切换至"文本框"选项卡，设置文本框的文字版式的对齐方式为"中部对齐"，如图 3-74 所示，根据文本框和文字的具体情况调整内部边框的形状、大小。

图 3-74　设置文本框的文字版式

步骤 3：绘制形状图形。

绘制"箭头"图形的方法为：单击"插入"选项卡→"插图"组→"形状"按钮，选择"箭头"图形，在文档中的合适位置绘制一个箭头，并调整其位置和大小。

设置"箭头"图形的线条颜色和线型：右键单击"箭头"图形，在弹出的快捷菜单中选择"设置形状格式"命令，将打开"设置形状格式"对话框，设置线条颜色和线型宽度，如图 3-73 所示。

后面的直线同样需要绘制。其中 ↓　↓　↓ 可以由 1 条"直线"图形和 4 个"箭头"图形组成； └──┴──┴──┘ 可以由 1 条长"直线"图形和 4 条短"直线"图形组成。

所有形状图形的线条颜色和线型同"箭头"图形一致（最好复制图形后再进行编辑）。

步骤 4：复制文本框。

选择第 1 个文本框边框，单击"开始"选项卡→"剪贴板"组→"复制"按钮，再单击"粘贴"按钮，此时就复制了 1 个文本框。将复制的文本框拖到合适位置，在文本框框内单击鼠标并输入第 2 个文本框中的文本，然后调整文本的大小和位置。后面的文本框依法复制、编辑即可。

其中，各文本框框内的文本信息如下所示。

毕业生在所在学院领取毕业生就业协议书并将"毕业生情况及意见"填写完整。

毕业生持协议书与用人单位洽谈。

用人单位盖章；用人单位出具接收函；在学院填写提前盖章申请；用人单位现场招聘并有代表签字。

所在学院盖章；无用人接收权的单位到上级主管部门或委托人事代理机构盖章/出具接收函。

招生与就业工作处加盖学校就业专业章。

学院、学生各留存一份。

步骤 5：复制形状图形。

单击第 1 个"箭头"图形，单击"开始"选项卡→"剪贴板"组→"复制"按钮，再单击"粘贴"按钮，此时就复制了 1 个"箭头"图形。

将复制的"箭头"图形拖到合适位置，调整其大小和位置即可。后面的"箭头"图形依法绘制即可。

步骤 6：通过页面整体布局调整各文本框和图形的位置。

通过调节窗口右下角的显示比例，以便能在显示完整页的情况下，调整各文本框和图形的位置及大小，使之在该页面分布合理。

步骤 7：组合图形。

当多个文本框或图形在一起时，如果无意移动了某一个图形，就会破坏整体效果，为了避免这种情况，常常需要把多个对象（文本框、图形等）组合成一个对象，如图 3-75 所示。组合后的对象还可以统一调整其大小、位置、颜色、线条以及文本框内部文字的对齐方式等。

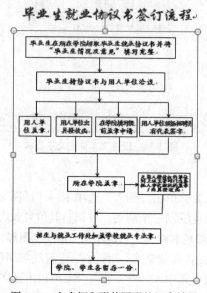

图 3-75　文本框和形状图形的组合效果

组合的方法：依次单击各个文本框和形状图形（除第 1 个外，单击其他图形时需按住 Shift 键），选中所有的文本框和形状图形，如图 3-76 所示，待鼠标呈梅花状时单击右键，在弹出的快捷菜单中选择"组合"→"组合"命令，即可把所有的文本框和图形组合成一个对象。

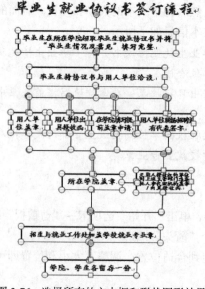

图 3-76　选择所有的文本框和形状图形效果

取消组合的方法：如果需要重新修改或调整其中的对象，就需要取消组合。用鼠标右键单击组合后的对象，在弹出的快捷菜单中选择"组合"→"取消组合"命令即可。

步骤 8：设置页面边框和颜色。

用户可自行设置一种页面边框和页面颜色。

【实例 3.6】　制作图 3-77 所示的"试卷设计"。

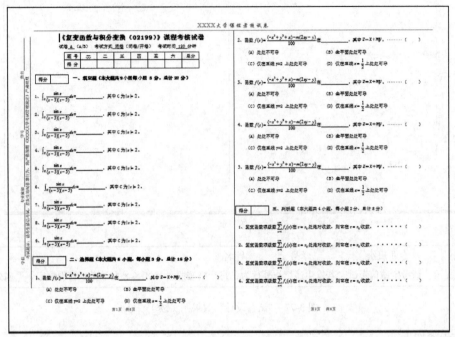

第一页

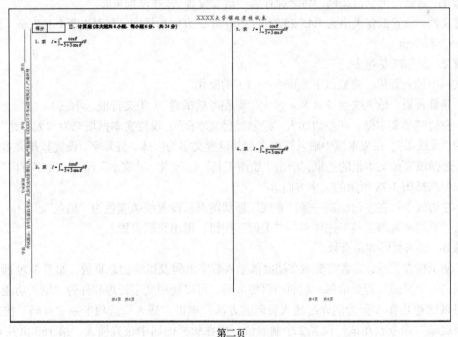

第二页

图 3-77　"试卷设计"效果图

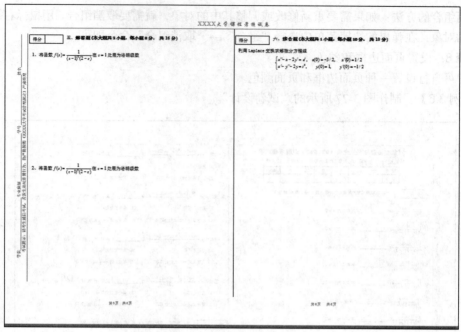

第三页

学院　　　　专业班级　　　　　学号　　　　姓名

考试提示：请考生诚信考试，若发生违纪作弊行为，将严格按照《××××大学考试管理规定》严肃处理

图 3-77　"试卷设计"效果图（续）

操作步骤如下。

步骤 1：新建一个空白文档，将之保存为"试卷设计"，并设置页面。

新建文档，设置纸张大小为 B4（25.7cm×36.4cm），方向为横向，页面边距（上 2cm，下 2cm，左 2.54cm，右 2cm）。

步骤 2：制作试卷卷头。

在文档中插入页眉，完成以下（1）～（3）的操作。

（1）顶部页眉：输入文字"××××大学课程考核试卷"（华文行楷、小三）。

（2）左边竖排文本框：在左边插入"绘制竖排文本框"，设置文本框填充为"无填充"，线条的颜色为"无线条"。在文本框中输入框内文字并设置文字为宋体、五号字。设置竖排文本框的文字方向（选择该竖排文本框的边框，单击"绘图工具"选项卡→"文本"组→"文字方向"按钮，在其列表中选择图 3-78 所示的文字方向）。

（3）左边线条：在左边绘制一条"直线"形状图形，设置线条颜色为"黑色"。

单击"页眉和页脚工具"选项卡→"关闭"按钮，退出页眉设置。

步骤 3：插入页码和总页数。

为了便于检查试卷，常常需要在文档底部插入数字页码及试卷的总页数，如图 3-79 所示。正常的页码是一个页面，若要给每一栏的小页加页码，可以使用文字处理软件的"域"功能。

这里以试卷共有 6 页为例介绍插入页码的方法：单击"插入"选项卡→"页码"按钮，选择"页面底端"命令。在该行设置 2 个制表位，即在每栏的居中位置输入"第 163 页共 6 页"，分别在 2 个"第"前按 Tab 键，相应文字自动在每栏居中，同时选中每栏的 2 个域（选择后面一个域时按住 Ctrl 键）后单击鼠标右键，在快捷菜单中选择"更新域"命令，即可在每栏下面显示页码，同时试卷各页都添了页码。然后单击"页眉和页脚工具"选项卡→"关闭"按钮，退出页脚的设置。

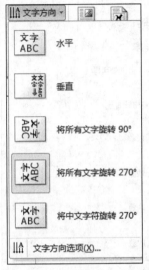

图 3-78 文本框的"文字方向"

| 第 1 页   共 6 页 |

图 3-79 插入数字页码

步骤 4：设置分栏。

为了便于使用试卷，需要将页面分为左右相等、中间加分隔线的两栏。

步骤 5：制作卷首信息。

试卷的卷首信息包含课程名称、考核方式及记载学生得分的表格等，如图 3-80 所示。

《复变函数与积分变换（02199）》课程考核试卷

试卷 A （A/B）   考试方式 闭卷（闭卷/开卷）   考试时间 120 分钟

题 号	一	二	三	四	五	六	总分
得 分							

图 3-80 卷首信息

设置试卷第 1 行卷首信息：宋体、3 号、加粗；设置试卷第 2 行卷首信息：宋体、5 号；设置得分表格：宋体、小四。所有卷首信息都要居中对齐。试卷卷首和正文内容的行距均为单倍行距。

步骤 6：制作试卷正文。

试卷正文除了文字外，常常还包含特殊符号、项目编号、公式、插图等。同时为了让试卷更美观、规范，很多部分的内容都需要对齐。

正文格式设置：全文行距均为单倍行距、宋体、小四。

各大题：加粗、前后空一空行、前面插入得分记录小表格，如图 3-81 所示。

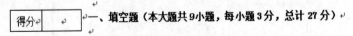

图 3-81 试卷大题样式

（1）选择题、判断题的括号部分可用制表位实现自动对齐，如图 3- 82 所示。

4、函数 $f(z) = \dfrac{(-x^2 + y^2 + x) - m(2xy - y)}{100}$ 在_____，其中 $z = x + my$。………（　）

    （A）处处不可导　　　　　　　（B）全平面处处可导

    （C）仅在直线 y=2 上处处可导　　（D）仅在直线 $x = \dfrac{1}{2}$ 上处处可导

5、函数 $f(z) = \dfrac{(-x^2 + y^2 + x) - m(2xy - y)}{100}$ 在_____，其中 $z = x + my$。………（　）

    （A）处处不可导　　　　　　　（B）全平面处处可导

    （C）仅在直线 y=2 上处处可导　　（D）仅在直线 $x = \dfrac{1}{2}$ 上处处可导

得分	

三、判断题（本大题共 4 小题，每小题 2 分，总计 8 分）

1、复变函数项级数 $\sum\limits_{n=1}^{+\infty} f_n(z)$ 在 $z = z_0$ 处绝对收敛，则它在 $z = z_0$ 收敛。·······（　）

2、复变函数项级数 $\sum\limits_{n=1}^{+\infty} f_n(z)$ 在 $z = z_0$ 处绝对收敛，则它在 $z = z_0$ 收敛。·······（　）

3、复变函数项级数 $\sum\limits_{n=1}^{+\infty} f_n(z)$ 在 $z = z_0$ 处绝对收敛，则它在 $z = z_0$ 收敛。·······（　）

4、复变函数项级数 $\sum\limits_{n=1}^{+\infty} f_n(z)$ 在 $z = z_0$ 处绝对收敛，则它在 $z = z_0$ 收敛。·······（　）

图 3-82　用制表位实现自动对齐

（2）输入公式：单击"插入"选项卡→"符号"组→"公式"按钮，在图 3-83 所示的列表中选择底端的"插入新公式"命令。在打开的"公式编辑器"窗口中选择需要的公式即可进行编辑，如图 3-84 所示。

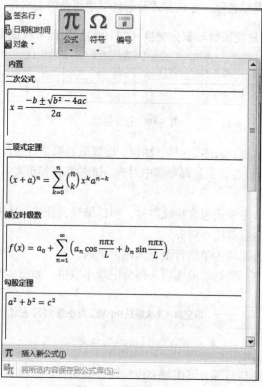

图 3-83　"公式"列表

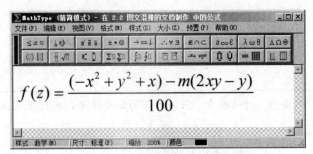

图 3-84　"公式编辑器"窗口

 　　文字处理软件除自带的"公式编辑器"外，还兼容其他的"公式编辑器"，用户根据需要可下载其他的"公式编辑器"使用。

步骤 7：调整试卷，修改页码的信息。

调整试卷，并进行打印预览以确保试卷规范、美观，最后根据试卷的实际页数修改 1、2 页的页码信息"共　页"。

步骤 8：将文档转为 PDF 格式。

现在的文件一般都是以 PDF 的形式进行传输的，因为 PDF 格式的文档既可以避免他人无意中修改文件内容，又可以避免其他软件产生的不兼容和字体替换问题。并且阅读 PDF 的软件都相对简单，用户浏览页面更加方便，可以随意放大或者缩小。

打开要转换的文档，单击"文件"选项卡→"另存为"命令，在打开的"另存为"对话框中单击"保存类型"的下拉列表框，选择"PDF"选项，如图 3-85 所示。

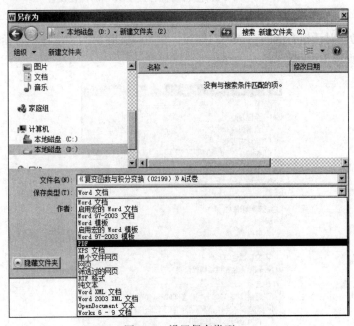

图 3-85　设置保存类型

设置完毕单击"保存"按钮即可，原来的文字处理软件的文档格式变成了 PDF 格式，如图 3-86 所示。

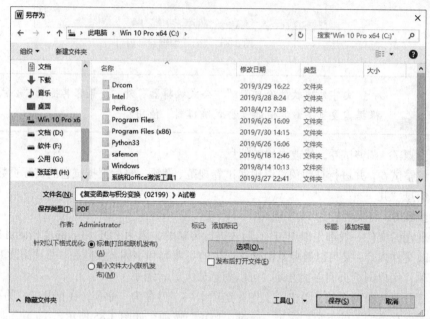

图 3-86 文档的 Word 格式和 PDF 格式

在"另存为"对话框中，根据自己的需要还可以进行优化设置，如图 3-87 所示。

图 3-87 文档转换为"PDF"的优化设置

单击"另存为"对话框右侧的"选项"按钮，也可以在弹出的"选项"对话框中进行其他的设置，如图 3-88 所示。

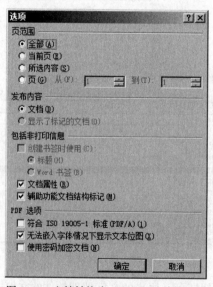

图 3-88 文档转换为"PDF"的其他设置

样例试卷正文如下。

每大题只给出第 1 题的内容，其余题的内容均复制第 1 题。

一、填空题（本大题共 9 小题，每小题 3 分，总计 27 分）

1、$\int_C \dfrac{\sin z}{(z-3)(z-5)}\mathrm{d}z = $_____，其中 C 为 $|z|=2$。

二、选择题（本大题共 5 小题，每小题 3 分，总计 15 分）

1、函数 $f(z) = \dfrac{(-x^2+y^2+x)-m(2xy-y)}{100}$ 在_____，其中 $z = x + my$。（　　　）

（A）处处不可导（B）全平面处处可导

（C）仅在直线 $y=2$ 上处处可导（D）仅在直线 $x = \dfrac{1}{2}$ 上处处可导

三、判断题（本大题共 4 小题，每小题 2 分，总计 8 分）

1、复变函数项级数 $\sum\limits_{n=1}^{+\infty} f_n(z)$ 在 $z = z_0$ 处绝对收敛，则它在 $z = z_0$ 收敛。（　　　）

四、计算题（本大题共 4 小题，每小题 6 分，共 24 分）

1、求 $I = \int_{-\pi}^{0} \dfrac{\cos\theta}{5+3\cos\theta}\mathrm{d}\theta$。

五、解答题（本大题共 2 小题，每小题 8 分，共 16 分）

1、将函数 $f(z) = \dfrac{1}{(z-1)^2(2-z)}$ 在 $z = 1$ 处展为洛朗级数。

六、综合题（本大题共 1 小题，每小题 10 分，共 10 分）

利用 Laplace 变换求解微分方程组：

$$\begin{cases} x''-x-2y' = \mathrm{e}^t, & x(0) = -3/2, & x'(0) = 1/2 \\ x'-y''-2y = t^2, & y(0) = 1, & y'(0) = -1/2 \end{cases}$$

3.2.3　实训

【实训 3.3】　图文混排朱自清的文章"荷塘月色"。

搜索并下载朱自清的文章"荷塘月色"，进行图文混排，效果如图 3-89 所示（共两页）。

实训要求如下。

（1）新建一个文档，载入朱自清的文章"荷塘月色"原始素材，并保存文档为"荷塘月色"。

（2）设置纸张类型和页边距：纸张选择"A4"，页边距为普通，纸张方向选择"纵向"。

（3）删除文章中的多余空格，将文档中所有的手动换行符都替换为段落标记。

（4）设置字符和段落格式：设置"作者"为宋体、小四，居中对齐，段后间距为 1 行。设置正文为宋体、小四，两端对齐，首行缩进 2 字符，行距为固定值 20。设置文章最后一行为右对齐。

（5）制作艺术字标题：选择一种艺术字样式，设置一种美观的字体、选择合适的字号和字形，选择一种艺术字样式，设置艺术字的文本效果，设置自动换行为"四周型环绕"。

第一页

第二页

图 3-89 "荷塘月色"效果图

（6）设置第1段（这……）首字下沉：先删除“这”前面的空格再设置首字下沉效果，选择美观的字体、确定合适的下沉行数。

（7）将第2段（沿着荷塘……）分为两栏、带分隔线且栏宽相等。

（8）在第4段（曲曲折折……）的合适位置插入一张图片，调整图片的大小，设置图片为“四周型环绕”。

（9）为第5段（月光如流水……）设置一种段落边框和段落底纹。

（10）在文章最后的空白处插入竖排文本框，将其调整至合适的位置，设置文本框为“四周型环绕”“右对齐”。在文本框内部输入四句诗：“采莲南塘秋　莲花过人头　低头弄莲子　莲子清如水”，按每句一列进行布局，并设置其字体、字号、字形等。选择合适的阴影样式，设置文本框的填充颜色和线条颜色及线型。

（11）为文章添加水印，水印文字为“荷塘月色”，并定义其字体和字号等。

（12）将自己的专业、班级、学号及姓名制作成页眉。并设置页眉为小四号，宋体，黑色加粗，居中对齐。

（13）在页面底端插入页码，设置页码居中对齐。

（14）为文章设置一种美观的页面边框。

【实训 3.4】　制作一份“校历”表格。最终效果如图 3-90 所示。

<table>
<tr><td colspan="2" rowspan="2">月
周
日　次
星期</td><td colspan="3">九</td><td colspan="6">十</td><td colspan="4">十一</td><td colspan="4">十二</td><td colspan="4">一</td><td colspan="5">二</td></tr>
<tr><td>一</td><td>二</td><td>三</td><td>四</td><td>五</td><td>六</td><td>七</td><td>八</td><td>九</td><td>十</td><td>十一</td><td>十二</td><td>十三</td><td>十四</td><td>十五</td><td>十六</td><td>十七</td><td>十八</td><td>十九</td><td>二十</td><td>二十一</td><td>二十二</td><td>二十三</td><td>二十四</td><td>二十五</td><td>二十六</td></tr>
<tr><td colspan="2">星期一</td><td>1</td><td>8</td><td>15</td><td>22</td><td>29</td><td>6</td><td>13</td><td>20</td><td>27</td><td>3</td><td>10</td><td>17</td><td>24</td><td>1</td><td>8</td><td>15</td><td>22</td><td>29</td><td>5</td><td>12</td><td>19</td><td>26</td><td>2</td><td>9</td><td>16</td><td>23</td></tr>
<tr><td colspan="2">星期二</td><td>2</td><td>9</td><td>16</td><td>23</td><td>30</td><td>7</td><td>14</td><td>21</td><td>28</td><td>4</td><td>11</td><td>18</td><td>25</td><td>2</td><td>9</td><td>16</td><td>23</td><td>30</td><td>6</td><td>13</td><td>20</td><td>27</td><td>3</td><td>10</td><td>17</td><td>24</td></tr>
<tr><td colspan="2">星期三</td><td>3</td><td>10</td><td>17</td><td>24</td><td>1</td><td>8</td><td>15</td><td>22</td><td>29</td><td>5</td><td>12</td><td>19</td><td>26</td><td>3</td><td>10</td><td>17</td><td>24</td><td>31</td><td>7</td><td>14</td><td>21</td><td>28</td><td>4</td><td>11</td><td>18</td><td>25</td></tr>
<tr><td colspan="2">星期四</td><td>4</td><td>11</td><td>18</td><td>25</td><td>2</td><td>9</td><td>16</td><td>23</td><td>30</td><td>6</td><td>13</td><td>20</td><td>27</td><td>4</td><td>11</td><td>18</td><td>25</td><td>1</td><td>8</td><td>15</td><td>22</td><td>29</td><td>5</td><td>12</td><td>19</td><td>26</td></tr>
<tr><td colspan="2">星期五</td><td>5</td><td>12</td><td>19</td><td>26</td><td>3</td><td>10</td><td>17</td><td>24</td><td>31</td><td>7</td><td>14</td><td>21</td><td>28</td><td>5</td><td>12</td><td>19</td><td>26</td><td>2</td><td>9</td><td>16</td><td>23</td><td>30</td><td>6</td><td>13</td><td>20</td><td>27</td></tr>
<tr><td colspan="2">星期六</td><td>6</td><td>13</td><td>20</td><td>27</td><td>4</td><td>11</td><td>18</td><td>25</td><td>1</td><td>8</td><td>15</td><td>22</td><td>29</td><td>6</td><td>13</td><td>20</td><td>27</td><td>3</td><td>10</td><td>17</td><td>24</td><td>31</td><td>7</td><td>14</td><td>21</td><td>28</td></tr>
<tr><td colspan="2">星期日</td><td>7</td><td>14</td><td>21</td><td>28</td><td>5</td><td>12</td><td>19</td><td>26</td><td>2</td><td>9</td><td>16</td><td>23</td><td>30</td><td>7</td><td>14</td><td>21</td><td>28</td><td>4</td><td>11</td><td>18</td><td>25</td><td>1</td><td>8</td><td>15</td><td>22</td><td>1</td></tr>
<tr><td rowspan="4">内
容</td><td>2014 级</td><td colspan="9">课堂教学</td><td colspan="2">考试</td><td colspan="10">专题讲座</td><td colspan="5" rowspan="4">寒假</td></tr>
<tr><td>2015 级</td><td colspan="18" rowspan="2">课堂教学</td><td rowspan="2">机动</td><td colspan="2" rowspan="2">考试</td></tr>
<tr><td>2016 级</td></tr>
<tr><td>2017 级</td><td></td><td>入学教育</td><td colspan="2">军事技能训练</td><td colspan="16">课堂教学</td><td>考试</td></tr>
<tr><td colspan="28">注：</td></tr>
</table>

图 3-90　“校历”表格效果图

实训要求如下。

（1）新建一个文档，纸张类型和页边距保持默认设置不变，设置纸张方向为横向，保存文档为“校历”。

（2）插入表格：设置表格大小为 28 列 14 行。

（3）编辑表格：进行单元格的合并/拆分，并调整行高或列宽等。

（4）设置表格中文字的对齐方式为“水平居中”。

（5）设置表格在页面中的对齐方式为“居中”。

（6）添加表格的斜线表头。

提示　斜线表头可用插入自选图形的功能（即形状按钮）来实现，在第一个单元格中插入多条线条，再利用空格和回车键将文字移到合适的位置。

【实训 3.5】 绘制一份"新生入学报到"流程图。

实训要求如下。

（1）新建一个文档，保存文档为"新生入学报到"。自行设置纸张类型、纸张方向、页面颜色和页面边框。

（2）在页面左上角和底部插入两张图片（自行选择），调整其位置和大小，并设置图片的环绕方式为"四周型环绕"。

（3）标题文字：新生报到流程，自行设置其字体、字号、颜色、文本效果等格式。

（4）标题下插入两条直线，自行设置线条颜色、宽度及位置。

（5）参照图 3-91 所示的内容设计"新生入学报到"流程图，全部采用文本框实现，设置文本框中的文字为黑体、小四号，所有文本框的填充颜色为"白色"，将诸如"未缴清学费"等文本框的线条颜色设为"无线条"。

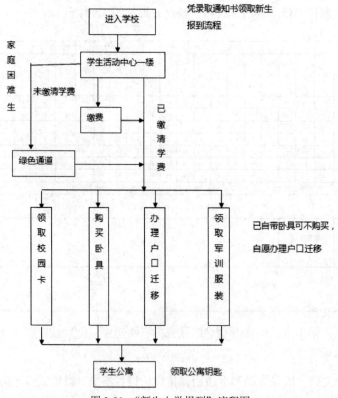

图 3-91　"新生入学报到"流程图

（6）缩小文档窗口右下角的显示比例，以便能显示整个页面，从页面整体布局出发调整流程中的文本框和线条的大小及位置，从而使整个页面布局美观。

（7）选中所有的文本框和所有的线条，将之组合成一个对象（注：组合后若需修改和调整其中的文本框或线条，需要将组合的对象取消组合）。

（8）最终效果如图 3-92 所示。

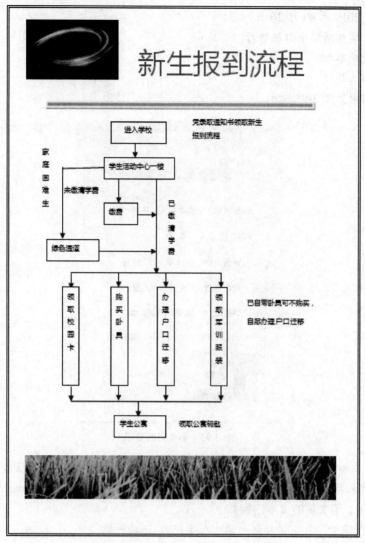

图 3-92　"新生入学报到"流程效果

【实训 3.6】　制作一份"讲座海报"。

实训要求如下。

（1）新建一个文档，保存文档为"讲座海报"。

（2）插入分页，第 1 页的纸张类型、纸张方向、页边距保持默认设置不变；第 2 页的纸张方向设为横向（将光标定位于第 2 页，单击"页面布局"选项卡→"页面设置"组→"页面设置"对话框→"页边距"选项卡→横向→应用于"插入点之后"命令）。

（3）设置页面颜色（图片背景）：单击"页面布局"选项卡→"页面颜色"→"填充效果"→"图片"命令可以设置图片背景。

（4）在第 1 页输入文本，缩小窗口显示比例，在显示完整页的情况下，自行设置字体和段落的有关格式，做到页面美观，第 1 页的文本信息如下。

"领慧课堂"就业讲座

报告题目：大学生人生规划

报告人：张伟

报告日期：2019 年 09 月 26 日

报告地点：学生活动中心报告厅

欢迎大家踊跃参加！

主办：校学工处

第 1 页的效果如图 3-93 所示。

图 3-93　第 1 页的效果

（5）在第 2 页输入文本内容（包括文字、表格、SmartArt 图形等），自行设置字体、段落格式、SmartArt 图形效果等，使页面美观，如日程安排用表格表示，报名流程用 SmartArt 图形表示，效果如图 3-94 所示。第 2 页的文本内容如下。

标题："领慧课堂"就业讲座之大学生人生规划　活动细则

日程安排：

时间	主题	报告人
18:30—19:00	签到	
19:00—19:20	大学生职场定位和职业准备	王老师
19:20—21:10	大学生人生规划	特约专家
21:10—21:30	现场提问	王老师

报名流程：学工处报名→确认名单→领取资料→领取门票。

报告人介绍：张先生是资深媒体人、著名艺术评论家、著名书画家。曾任某周刊主编，现任某出版集团总编、硬笔书协主席、省美协会员、某画院特聘画家。他的书法、美术、文章、摄影作品千余幅（篇）等曾在全国 200 多家报刊上发表，多幅（篇）作品被收入多种书画家辞典。书画作品被日本、美国、韩国等海外一些机构和个人收藏，在国内外曾多次举办专题摄影展和书画展。

（6）缩小窗口的显示比例，在显示完整页的情况下，调整其格式。

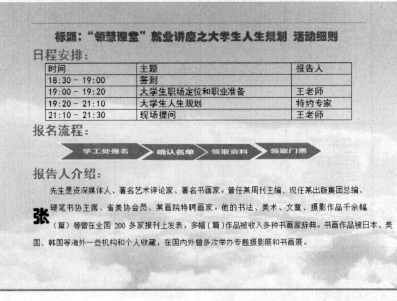

图 3-94　第 2 页的效果

3.3　长文档的制作

我们在文字处理过程中常常会遇到一些超过 5 页的长文档，如论文、计划书、课题报告等，这类长文档的编排比一般文档的图文混排要复杂，因为它要求格式统一，而且可能还包含一些目录、公式和图表的制作等，掌握对这类长文档的处理技巧，不仅能提高工作效率，还能为文档增色不少。

3.3.1　实验目的

（1）掌握篇幅较长的文档排版技巧。

（2）掌握大纲视图的使用方法。

（3）掌握设置大纲级别的方法。

（4）掌握长文档目录的创建方法。

（5）掌握多级符号的设置方法。

（6）掌握撰写毕业论文的一般方法和技巧。

3.3.2　实验内容与操作步骤

【实例 3.7】　以制作一篇毕业论文为例（共 11 页）介绍长文档的制作，文档排版后的效果如图 3-95 所示。

操作步骤如下。

步骤 1：新建一个空白文档并将之保存为"毕业论文"。

新建一个空白文档，将之保存为"毕业论文"，设置文档的纸张为 A4，页边距为上 2.5cm、下 2.1cm、左 2.1cm、右 2.1cm，奇偶页不同，如图 3-96 所示。

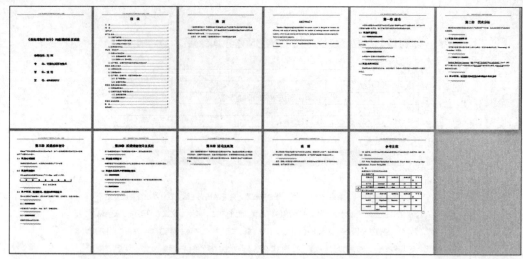

图 3-95 "毕业论文"效果

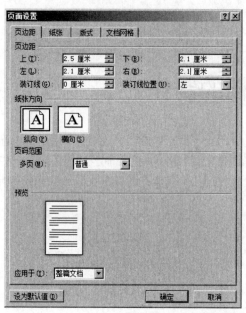

（a）页边距

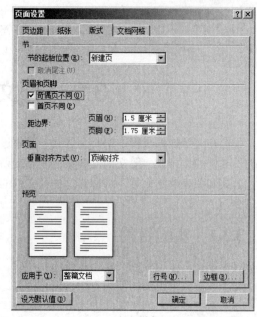

（b）版式

图 3-96 毕业论文的页面设置

设置方法为：单击"页面布局"选项卡→"页面设置"组→"页面边距"按钮，在"页边设置"对话框的"页边距"选项卡中，设置上边距为 2.5cm、下边距为 2.1cm、左边距为 2.1cm、右边距为 2.1cm；切换至"纸张"选项卡中，在"纸型"下拉列表框中选择"A4"；切换至"版式"选项卡中，设置页眉 1.5cm、页脚 1.75cm，选择"奇偶页不同"，设置"应用于"为"插入点之后"。

步骤 2： 新建（或修改）论文的各级标题样式。

长文档一般要求格式统一，所以常通过各级标题样式来实现。标题样式包罗了一系列的格式特征，包括字体、段落格式、制表位、语言、边框和底纹、项目符号和编号等。

设置"毕业论文"文档所需的样式如下。

（1）"标题 1"样式：字体设置为黑体、加粗、二号，段前段后间距设置为 1 行，行距设置为固定值 22 磅，对齐方式为居中，特殊格式为"无"，选中段前分页，大纲级别为 1。

（2）"标题 2"样式：字体设置为黑体、加粗、三号，段前段后间距设置为 0.5 行，行距设置为固定值 22 磅，对齐方式为两端对齐，特殊格式为"无"，大纲级别为 2。

（3）"标题 3"样式：字体设置为黑体、加粗、小四号，段前段后间距设置为 0.5 行，行距设置为固定值 22 磅，对齐方式为两端对齐，特殊格式为"无"，大纲级别为 3。

（4）"正文"样式字体设置为宋体、小四，行距设置为固定值 22 磅，特殊格式为首行缩进 2 字符，对齐方式为两端对齐，大纲级别为"正文文本"。

修改"标题 1"样式的方法为：单击"开始"选项卡→"样式"组→"样式"列表，如图 3-97（a）所示，或单击"样式"组右下角的按钮，打开"样式"对话框，如图 3-97（b）所示。

（a）"样式"列表 （b）"样式"对话框

图 3-97 "样式"列表和"样式"对话框

右键单击"样式"列表中需要修改的样式"标题 1"，选择"修改"命令，将弹出"修改样式"对话框，如图 3-98 所示。

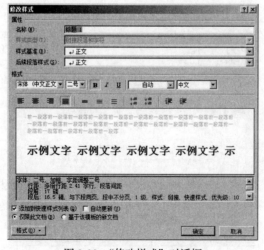

图 3-98 "修改样式"对话框

在"修改样式"对话框中，按要求修改字体为黑体、加粗、二号，单击左下角的"格式"按钮，选择"段落"命令，将弹出"段落"对话框，如图 3-99 所示。

在"缩进和间距"选项卡中设置段前段后间距为"1 行"，行距为固定值 22 磅，对齐方式为居中，大纲级别为 1；在"换行和分页"选项卡中选中"段前分页"复选框。

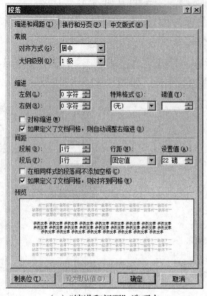 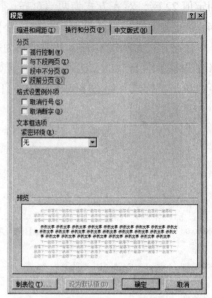

（a）"缩进和间距"选项卡　　　　　　　（b）"换行和分页"选项卡

图 3-99　"标题 1"样式的段落格式设置

参照"标题 1"样式的修改方法，完成"毕业论文"文档所需的其他样式的修改或创建。

📖 知识要点：样式的其他操作

1. 创建新样式

单击"开始"选项卡→"样式"组右下角的按钮，在"样式"对话框中，单击"新建样式"按钮，打开"根据格式设置创建新样式"对话框，如图 3-100 所示，样式的创建方法同前面样式的修改方法类似。

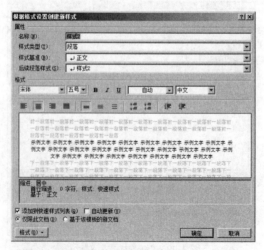

图 3-100　"根据格式设置创建新样式"对话框

2. 删除样式

在"样式"对话框的"样式"列表框中右键单击所选样式，选择"删除"命令即可删除样式。

3. 清除格式

选择需要清除格式的文本，单击"样式"列表中的"清除格式"命令即可清除文本的格式。

步骤 3： 输入毕业论文的内容。

（1）设计论文封面：自行设计封面，封面信息如下。

《数据库程序设计》网络辅助教学系统

指导教师：刘 刚

专　　　业：计算机科学与技术

学　　　生：张 利

学　　　号：6314020312

（2）输入论文的内容：将光标定位在封面最后一行的后面，单击"页面布局"选项卡→"页面设置"组→"分隔符"按钮，在图 3-101 所示的"分隔符"列表中选择"分页符"区域的"分页符"命令，即可在封面页后面插入一空页。

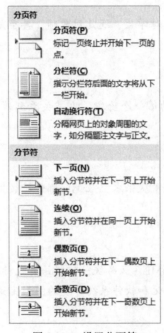

图 3-101　设置分页符

在第 2 页输入论文的内容如下。

目　　录

摘　　要

《数据库程序设计》网络辅助教学系统主要是为了提高老师的教学效率和教学质量，优化教师和学生的交流平台而设计，其开发主要包括后台数据库的建立和维护以及前端应用程序的开发两个方面……

关键词：ASP，数据库，《数据库程序设计》网络辅助教学系统

ABSTRACT

"DataBase Programming" network-aided instruction system is designed to increase the efficiency and quality of teaching, Optimize the platform of exchange between teachers and students, which include creating and maintaining the background database and developing the front-end application programs.

……

Keywords：Active Server Page, DataBase, *DataBase Programming* network-aided instruction

第一章　绪论

本章对传统教学方式和网上教学支撑平台进行了详细的分析，为了弥补传统教学方式在教学过程中的不足，我们开发了基于校园网的网络辅助教学系统。

1.1　系统开发背景

1.1.1　传统教学的基本过程

传统教学的基本过程是个循环过程，它由确定教育目的和总的课程目标开始，最后以评价结束。

……

1.1.2　传统教学存在的问题

传统教学中存在的问题主要有如下几个方面。

……

1.2　系统应用的意义

建设网络辅助教学系统无论是对学生，还是对教师，甚至是对教学内容等多个方面都有非常重要的意义。

……

第二章　需求分析

软件需求分析是软件开发期的第一个阶段，也是关系到软件开发成败的关键步骤。

……

2.1　系统总体功能需求

2.1.1　系统数据流图（DFD）

任何软件系统（或计算机系统）从根本上来说，都是对数据进行 Processing 或 Transform 的工具。

……

2.1.2　系统的 UML 基本模型

Unified Modeling Language（UML）又称统一建模语言或标准建模语言，是始于 1997 年的一个 OMG 标准，它是一个支持模型化和软件系统开发的图形化语言，为软件开发的所有阶段提供模型化和可视化支持。

……

2.2　用户管理、课程新闻和视频点播模块的需求分析

……

第三章　系统总体设计

经过上一章对系统需求状况的详尽分析之后，我们小组根据系统的需求信息对本系统进行了详细的总体设计。

3.1　系统功能说明

根据对系统的需求分析，本系统的功能包括以下几个方面。

……

3.2　系统模块设计

满足上述功能的系统可划分为以下几个模块，如下图所示。

......

......

3.3 用户管理、课程新闻、视频点播模块设计

在本次系统的开发过程中，笔者负责了系统用户管理、课程新闻、视频点播模块。

......

3.3.1 用户管理模块

本系统的用户分为三种：学生、教师、课程组组长。

......

3.3.2 课程新闻模块

课程新闻模块主要是负责……

......

第四章 系统详细设计及实现

在《数据库程序设计》网络辅助教学系统中，笔者主要负责系统……

......

4.1 系统数据库设计

根据前面章节对系统进行需求分析，结合现实条件对系统……

......

4.2 系统布局及用户管理模块设计

4.2.1 系统页面流程

本系统的设计思想是根据页面间的传值调用实现的，为了理顺系统页面的流程……

......

4.2.2 系统界面设计

在系统的总体设计中，首先是系统的界面设计。

......

第五章 结论及展望

这次《数据库程序设计》网络辅助教学系统的设计开发，我主要负责系统总体框架的布局和设计、课程新闻模块设计、视频点播模块的设计，并在前期资料的准备以及中期整个系统的策划及设计过程中，与其他组员互相配合讨论，最终顺利完成了本系统的设计开发。

......

致 谢

衷心感谢老师在设计过程中给予的指导以及帮助，在您的精心指导下，我才顺利地完成了本次设计，您的敬业精神深深地激励着我，给予我在开发过程中的动力与信心。

......

最后，要衷心的感谢参与答辩的各位老师，感谢您能抽出宝贵的时间，审阅我的论文，指出纰漏，给予我指导与帮助。

参考文献

[1] 桑新民.当代信息技术在传统文化教育基础中引发的革命[J].教育研究，1997，30（10）：300—314

......

[12] Peter Coad,David North,Mark Mayfield.M.Object Model —— Strategy Mode Application. Science Press,2006

附　录

数据库设计中用到的部分关系表如下。

系统用户表

字段说明	字段代码	数据类型	数据长度	可否为空
用户名	username	char	20	NO
用户密码	password	char	10	NO

新闻大类表

字段说明	字段代码	数据类型	数据长度	可否为空
大类号	Bigclassid	Numeric	2	NO
大类名	Bigclassname	Char	255	NO

📖 知识要点：添加多级列表

用户在输入毕业论文的内容时，可能需要输入 1，1.1，1.1.1 等多级列表样式。方法为：单击"开始"选项卡→"段落"组→"多级列表"按钮▣，在"多级列表"样式中选择所需要的样式，如图 3-102 所示。

步骤 4：对毕业论文进行排版（即应用样式）。

用前面定义的标题级别样式对毕业论文的内容进行排序，即应用样式。其中：

"标题 1"样式应用于一级标题："目录""摘要""Abtract""第一章至第五章""致谢""参考文献""附录"；

"标题 2"样式应用于二级小标题："1.1""1.2""2.1""3.1""3.2""3.3""4.1""4.2"等；

"标题 3"样式应用于三级小标题："1.1.1""1.1.2""1.1.3""2.1.1""2.1.2""3.3.1""3.3.2""4.1.1""4.1.2""4.2.1""4.2.2"等；

"正文"样式应用于其余内容。

具体方法如下。

（1）论文正文内容的排版：选择全部正文内容（除封面外），单击"样式"列表中的"正文"。

（2）论文一级标题的排版：将光标定位在一级标题"目录"行，单击"样式"列表中的"标题 1"，则"目录"就被排版成前面"标题 1"定义的格式（即字体设置为黑体、加粗、二号；段前段后间距为 1 行，行距为固定值 22 磅，对齐方式为居中，特殊格式为"无"，选中段前分页，大纲级别为 1）。

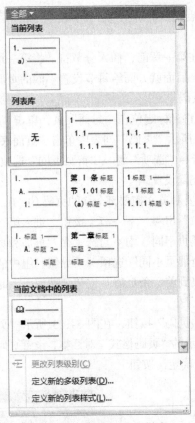

图 3-102 "多级列表"样式

参照此方法将毕业论文中的所有一级标题，如"摘要""Abtract""第一章至五章""致谢""参考文献""附录"等也定义为"标题 1"样式。

（3）论文二级小标题的排版：参照"标题 1"样式的应用方法，依次将论文中的二级小标题"1.1""1.2""2.1""3.1""3.2""3.3""4.1""4.2"等定义为"标题 2"样式。

（4）论文三级小标题的排版：参照"标题 1"样式的应用方法，依次将论文中的三级小标题"1.1.1""1.1.2""1.1.3""2.1.1""2.1.2""3.3.1""3.3.2""4.1.1""4.1.2""4.2.1""4.2.2"等定义为"标题 3"样式。

为了方便排版，可先将文档的视图由"页面视图"切换到"大纲视图"后再进行样式的应用，或者缩小文档的显示比例。单击文档右下角的"大纲视图"按钮，即可将视图切换到"大纲视图"下。

步骤 5：将毕业论文分成三节。

根据论文格式的要求，封面为第一部分，无页眉和页码；目录、摘要和英文摘要为第二部分，不加页眉，页码为大写罗马数字（如 I，II，…）格式，起始页码为 I；余下即正文部分（从第一章开始至附录）为第三部分及页码为数字（如 1，2，3，…）格式，起始页码为 1，同时奇偶页设置不同的页眉。所以在插入页眉及页码之前，需要将整个文档的三部分相应的分成三节：封面部分为第一节，目录、摘要和英文摘要部分为第二节，从第一章开始至附录为第三节。

分节的方法为：将光标定位在"目录"两字前，单击"页面布局"选项卡→"页面设置"组→"分隔符"按钮，在图 3-101"分隔符"列表中选择"分节符"区域的"下一页"命令，此时就在光标处插入了一个分节符，外观无任何标志，实际上却把光标前后分成了两节，即封面页为一节，目录及后面部分为一节。

用同样方法，将光标定位在第一章前，插入分节符，将第一章及后面部分分为一节，这样就按格式要求将论文分成了三节，后面就方面给每节设置不同的页眉和页脚。

步骤6：为论文每节插入页码

（1）设置第一节（封面）：将光标定位在"封面"页，单击"插入"选项卡→"页眉和页脚"组→"页码"按钮，在图3-103所示"页码"列表中单击"页面底端"命令，在页脚编辑状态下，勾选"页眉和页脚工具"选项卡→"选项"组→"首页不同"选项，这样该节就能既不输入页眉，也不插入页码了（若有需要可删除设置）。

（2）设置第二节（目录、摘要和英文摘要部分）的页码（I，II，…）：单击文档窗口顶部的"页眉和页脚工具"选项卡→"导航"组→"下一节"按钮，进入第二节的页脚处，此页每页的页码要求选项"首页不同"和"奇偶页不同"均不勾选（在"页眉和页脚工具"选项卡→"选项"组中取消勾选"首页不同"和"奇偶页不同"选项）。"导航"组中的"链接到前一条页眉"按钮默认为按下有效，此节要求"链接到前一条页眉"按钮未被按下，此时文档显示的"与上节相同"会消失。

单击"页眉和页脚"组→"页码"按钮，在图3-103所示"页码"列表中选择"设置页码格式"命令，将出现如图3-104所示的"页码格式"对话框，设置页码编号的格式为"I，II，III，…"和起始页码为"I"，然后单击"确定"按钮。

 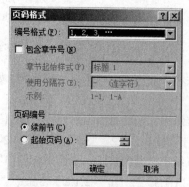

图3-103 "页码"列表　　　　　图3-104 "页码格式"对话框

单击"页眉和页脚工具"选项卡→"页码"按钮，在图3-103所示的"页码"列表中单击"页面底端"→"普通数字2"即可，设置页码为宋体、小五，居中对齐。

（3）设置第三节（从第一章开始至附录）的页码（1，2，3，…）：单击"页眉和页脚工具"选项卡→"导航"组→"下一节"按钮，进入第三节的页脚处，此节的页码也要求选项"首页不同"和"奇偶页不同"均不勾选，"链接到前一条页眉"按钮未被按下。

单击"页码"按钮，参照上面设置该节的页码格式为"1，2，3，…"，起始页码为"1"，然后再插入页码，并设置页码为宋体、小五，居中对齐。

步骤7：设置论文每节的页眉。

只给第三节的奇数页设置页眉为"××××届计算机科学与技术专业毕业设计（论文）"，宋体、小五号；偶数页设置页眉为"张利：《数据库程序设计》网络辅助教学系统"，宋体、小五号。如图3-105所示。

×××××届计算机科学与技术专业毕业设计（论文）

首页页眉 - 第 3 节 -　　　　　　　　# 第一章 绪论　　　　　　　　**与上一节相同**

张利：《数据库程序设计》网络辅助教学系统

偶数页页眉 - 第 3 节 -

第二章　需求分析

图 3-105　论文第三节的页眉

在页脚编辑状态下单击"页眉和页脚工具"选项卡→"导航"组→"转至页眉"按钮（若前面插入页码后关闭了页眉页脚，则需要重新插入页眉进入页眉编辑状态），此时系统默认所有节的页眉相同，文档窗口顶部的"页眉和页脚工具"选项卡→"导航"组→"链接到前一条页眉"按钮默认为按下有效，因论文要求本节页眉与上一节不同，因此要求"链接到前一条页眉"按钮未被按下，此时文档显示的"与上节相同"会消失，（勾选"选项"组→"奇偶页不同"选项）。

（1）插入第一节页眉：通过单击"上一节"（或移动鼠标）按钮将光标定位于第一节页眉（"链接到前一条页眉"按钮未被按下），该节页眉为空。

（2）插入第二节页眉：通过单击"下一节"（或移动鼠标）按钮将光标定位于第二节页眉（"链接到前一条页眉"按钮未被按下），该节页眉为空。

（3）插入第三节页眉：通过单击"下一节"（或移动鼠标）按钮将光标定位于第三节页眉（"链接到前一条页眉"按钮未被按下，勾选"奇偶页不同"选项），

当左边显示"奇数页页眉-第 3 节-"时，在页眉处输入页眉文字"××××届计算机科学与技术专业毕业设计（论文）"，页眉的格式为宋体、小五号字，居中对齐。

单击"下一节"按钮，显示"偶数页页眉-第 3 节-"时，在页眉处输入页眉文字"张利：《数据库程序设计》网络辅助教学系统"，页眉的格式为宋体、小五号字，居中对齐。

设置完毕，单击"页眉和页脚"选项卡→"关闭页眉和页脚"按钮。

注意　　通过单击"上一节"或"下一节"按钮，编辑修改页眉，使第 1～3 节的页眉满足格式要求。

步骤 8：自动生成毕业论文的目录，并更新目录。

自动生成图 3-106 所示的毕业论文的目录。

（1）自动生成目录：把光标定位在"目录"部分的正文处，单击"引用"选项卡→"目录"组→"目录"按钮，在图 3-107 所示的"目录"列表的底端选择"插入目录"命令，将出现图 3-108 所示的"目录"对话框，设置显示级别为"3"，取消勾选"使用超链接而不使用页码"复选框。

（2）目录的更新：如果文字内容在编制目录后有改动，可在目录上单击鼠标右键，从快捷菜单中选择"更新域"命令，打开图 3-109 所示的"更新目录"对话框，选中"更新整个目录"单选按钮，单击"确定"按钮，完成对目录的更新工作。

目　录

目　录 I

摘　要 III

ABSTRACT IV

第一章　绪论 1

　　1.1　系统开发背景 1

　　　　1.1.1　传统教学的基本过程 1

　　　　1.1.2　传统教学存在的问题 1

　　1.2　系统应用的意义 1

第二章　需求分析 2

　　2.1　系统总体功能需求 2

　　　　2.1.1　系统数据流图（DFD） 2

　　　　2.1.2　系统的 UML 基本模型 2

　　2.2　用户管理、课程新闻和视频点播模块的需求分析 2

第三章　系统总体设计 3

　　3.1　系统功能说明 3

　　3.2　系统模块设计 3

　　3.3　用户管理、课程新闻、视频点播模块设计 3

　　　　3.3.1　用户管理模块 3

　　　　3.3.2　课程新闻模块 3

第四章　系统详细设计及实现 4

　　4.1　系统数据库设计 4

　　4.2　系统布局及用户管理模块设计 4

　　　　4.2.1　系统页面流程 4

　　　　4.2.2　系统界面设计 4

第五章　结论及展望 5

致　谢 6

参考文献 7

图 3-106　毕业论文自动生成的目录

内置

手动目录

目录

键入章标题(第 1 级) 1

　　键入章标题(第 2 级) 2

　　　　键入章标题(第 3 级) 3

自动目录 1

目录

标题 1 I

　　标题 2 I

　　　　标题 3 I

自动目录 2

目录

标题 1 I

　　标题 2 I

　　　　标题 3 I

📄　插入目录(I)...

📄　删除目录(R)

📄　将所选内容保存到目录库(S)...

图 3-107　"目录"列表

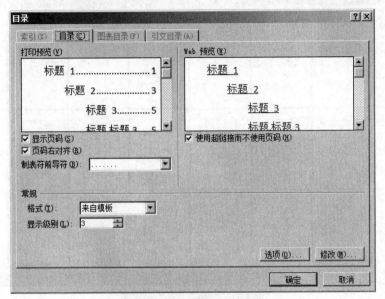

图 3-108　"目录"对话框

图 3-109　"更新目录"对话框

📖 知识要点：删除目录

如果要删除目录，可将鼠标指针移到要删除的目录第一行左边页面的空白处，待鼠标指针变为右上方的箭头时，单击鼠标左键，此时整个目录都会被加亮显示，按 Del 键则可删除整个目录。

3.3.3　实训

【实训 3.7】　排版长文档"统计报告"。

根据提供的素材"统计报告"或从网上搜索下载《中国互联网络发展状况统计报告》，进行排版，效果类似图 3-110。

实训要求如下。

（1）打开文档"统计报告（素材）"，进行页眉设置（纸张大小为 A4、上下左右边距均为 2.5cm、装订线为 1cm，页眉页脚距边界均为 1.1cm）。

（2）素材文档包含 3 个级别的标题，其文字分别用不同的颜色显示，按下列要求对文档格式进行修改，并对素材文档中 3 个级别的标题和正文应用相应的样式。

① 一级标题。文档中一级标题（即章标题、报告摘要和前言）对应的样式为"标题 1"，其格式为：小二号字、黑体、加粗、段前 1.5 行、段后 1 行、行距最小值 12 磅、左对齐、与下段同页、段前分页。

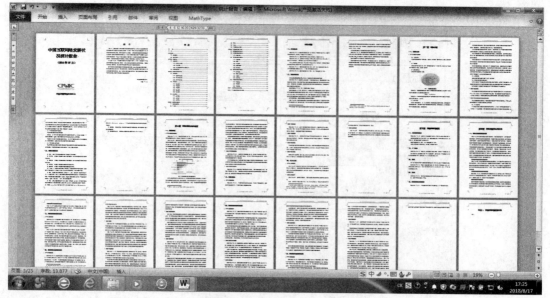

图 3-110 "统计报告"效果图

② 二级标题。文档中二级标题（即用一，二，三，…标记的段落）对应的样式为"标题2"，其格式为：小三号字、黑体、加粗、段前1行、段后0.5行、左对齐、行距最小值12磅。

③ 三级标题。文档中三级标题（用（一），（二），（三），…标记的段落）对应的样式为"标题3"，其格式为：小四号字、宋体、加粗、段前12磅、段后6磅、左对齐、行距最小值12磅。

④ 正文。文档中除上述3个级别标题外的所有正文对应的样式为"正文"，其格式为：五号字、宋体、首行缩进2字符、1.4倍行距、两端对齐。

提示 定义格式时，若遇到单位不同，如原为行，现需要磅，则直接输入即可；1.25倍行距在段落的"多倍行距"中。

（3）添加脚注：为文档中用黄色底纹标示的文字"手机上网比例首超传统PC"添加脚注，脚注位于页面底部，编号格式为①，②，…，内容为"最近半年使用过台式机或笔记本或同时使用台式机和笔记本的网民可统称为传统PC用户"。

操作提示：将光标定位在"手机上网比例首超传统PC"后面，单击"引用"选项卡→"脚注"组→小箭头按钮，将出现图3-111所示的"脚注和尾注"对话框。在该对话框中设置脚注的位置和编号格式后，单击"插入"按钮，即进入文档底端脚注编辑状态，输入脚注文字即可。

（4）插入素材图片：将素材图片pic1.png插入文档中"调查总体细分图示"上方的空行中。

（5）添加和引用题注：在文字"调查总体细分图示"左侧添加格式如"图1""图2"的题注，添加完毕，将样式"题注"的格式修改为"华文楷体、小五号字、居中"。在图片上方文字的适当位置引用该题注，效果如图3-112所示。

操作提示：

① 添加题注。将光标定位在需要添加题注的地方，如文字"调查总体细分图示"左侧，单击"引用"选项卡→"题注"组→"插入题注"按钮，出现图3-113所示的"题注"对话框。

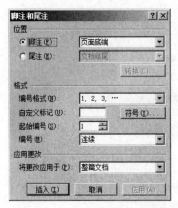

图 3-111　"脚注和尾注"对话框

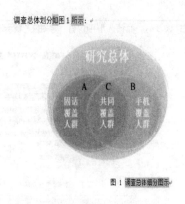

图 3-112　添加和引用题注

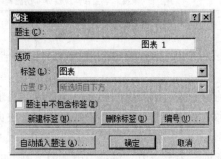

图 3-113　"题注"对话框

在"选项"区域的"标签"下拉列表框中选择需要的"图"（若没有，可通过"新建标签"实现），单击"编号"按钮选择图的编号样式，设置完毕单击"确定"按钮，即可在文字"调查总体细分图示"左侧插入题注"图 1"，修改样式列表中的题注（华文楷体、小五号字、居中），并应用该题注样式。

② 引用题注。将光标定位在需要引用题注的地方（如在图片上方文字"所示"前），单击"引用"选项卡→"题注"组→"交叉引用"按钮，出现图 3-114 所示的"交叉引用"对话框，选择"引用类型"为"图"，"引用内容"为"只有标签和编号"即可。

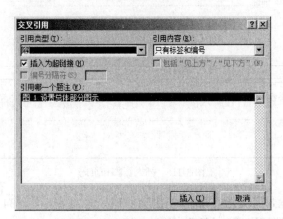

图 3-114　"交叉引用"对话框

参照上面插入题注的方法，在第二章"城镇非学生非网民群体学历结构"左侧插入题注，并在图上方的"如　所示"的空白处引用该题注，如图 3-115 所示。

占 66.3%，而该人群中仅有 9.4%的人表示未来半年内肯定或可能上网，如图 2 所示。

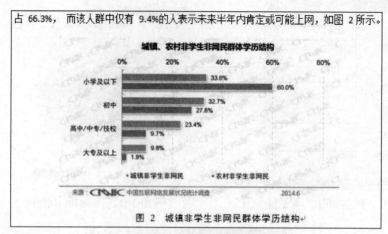

图 3-115　插入题注的样例

（6）设计封面：参照效果为文档设计封面（也可自行设计），并排版（封面的图片可自行选定）。封面和前言无页眉、页码。

（7）自动生成目录：在前言和报告摘要之间插入自动生成的目录，目录标题的样式应用"标题 1"。目录包含第 1～3 级标题及相应的页码，目录的页眉自奇数页码开始，页眉中插入文档标题属性信息。

（8）将文档分节：封面和前言为第一节，目录为第二节，剩下的部分为第三节。

（9）插入页脚和页码：第一节封面无页脚和页码。第二节目录页脚居中，输入文字"第 34 次中国互联网络发展状况统计报告"，右侧显示大写罗马数字（如 I，II，…）格式的页码，起始页码为 I。第三节页脚居中，仍输入文字"第 34 次中国互联网络发展状况统计报告"，右侧显示数字（如 1，2，3，…）格式的页码，起始页码为 1。插入页脚和页码的效果如图 3-116 所示。

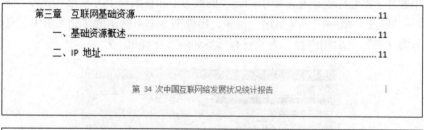

图 3-116　插入页脚和页码

（10）插入页眉：除封面页无页眉外，在其余页眉处输入文字"第 34 次中国互联网络发展状况统计报告——中国互联网络信息中心"。

【实训 3.8】　排版长文档"期刊论文"。

根据提供的素材"期刊论文"，按出版社要求进行排版，最终效果如图 3-117 所示。

图 3-117　"期刊论文"效果图

实训要求如下。

（1）进行页面设置（见图 3-118）。论文标题至英文摘要部分通栏排版，正文部分必须双栏排版。设置纸张为 A4，宽度 21 厘米，高度 29.7 厘米；页边距上下 2.2 厘米，左右 1.95 厘米；设置页眉页脚为首页不同、奇偶页不同，页眉 1.5 厘米，页脚 2.2 厘米；段落行距为固定值 16 磅。

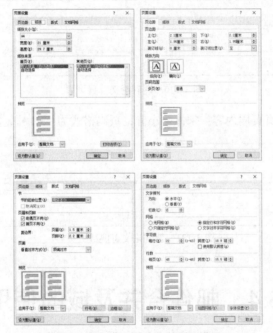

图 3-118　"期刊论文"的页面设置

（2）设置论文标题为二号、黑体，加粗，居中，段前间距 3 行，段后间距 1 行。

（3）设置作者名为五号、楷体、居中，1、2 数字为上标，如（张三[1]、李四[2]、王老五[1]）。

（4）设置作者单位为六号、宋体、居中，段后间距 1 行。

（5）设置文字（如摘要、关键词、文献标识码和文章编号等）为小五、黑体、加粗，其相应内容为小五、宋体。

（6）设置论文中所有英文为 Times New Roman，其中英文标题为四号、加粗、居中，首字母大写，段前段后间距 1 行。英文作者五号字，英文单位小五号字。英文摘要和关键字部分五号字，"Abstract：""Key words："加粗。英文摘要段前间距 1 行，英文关键字段后间距 1 行。

（7）设置正文一级标题（1，2，3，…）为黑体、加粗、四号，多倍行距 3；二级标题（1.1，1.2，…，2.1，2.2，…，3.1，3.2，…）为五号、黑体、加粗，若有图使用单倍行距。

（8）设置参考文献的标题为五号、黑体、加粗，段落多倍行距 2.5；参考文献内容为六号字，文章底部左右两栏对齐，最后预留 1～2 空行，且为一栏。

（9）设置页眉页脚（内容见素材）。

首页页脚内容：宋体、六号字，段落行距固定值 12 磅，其中，"收稿日期:" "修回日期:" "基金项目:" "作者简介:" 和 "DOI:" 为黑体、加粗，如图 3-119 所示。

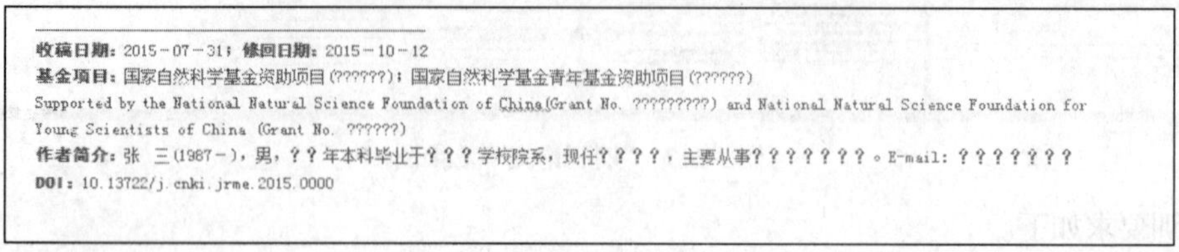

收稿日期: 2015-07-31; 修回日期: 2015-10-12
基金项目: 国家自然科学基金资助项目(??????); 国家自然科学基金青年基金资助项目(??????)
Supported by the National Natural Science Foundation of China(Grant No. ?????????) and National Natural Science Foundation for Young Scientists of China (Grant No. ??????)
作者简介: 张 三(1967-)，男，?? 年本科毕业于??? 学校院系，现任????，主要从事??????? 。E-mail: ???????
DOI: 10.13722/j.cnki.jrme.2015.0000

图 3-119　期刊论文页脚

首页页眉内容：除期刊中英文名为五号宋体外，其余为六号宋体，如图 3-120 所示。

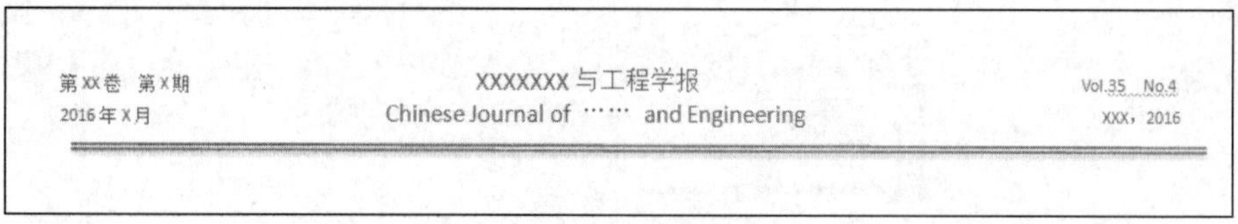

第 XX 卷　第 X 期　　　　　　XXXXXXX 与工程学报　　　　　　Vol.35　No.4
2016 年 X 月　　　　　Chinese Journal of …… and Engineering　　　XXX，2016

图 3-120　期刊论文首页页眉

正文奇数页、偶数页页眉内容：宋体、小五，页码格式为 "•1•"，如图 3-121 所示。

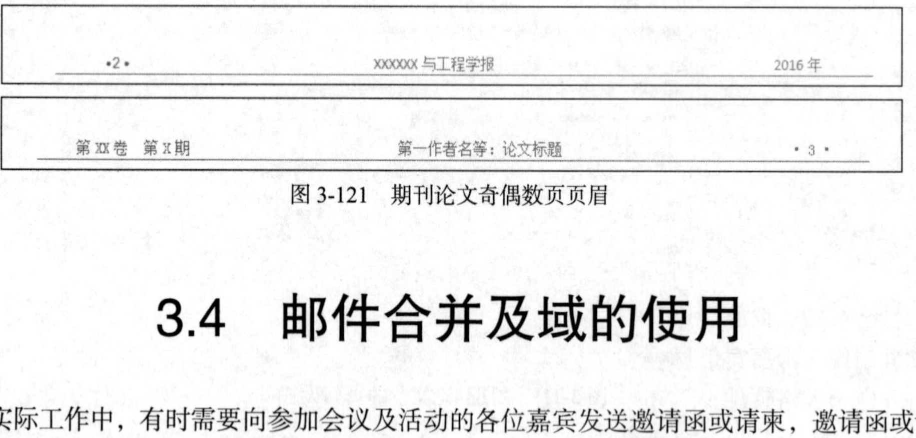

•2•　　　　　　　　　XXXXXX 与工程学报　　　　　　　　2016 年

第 XX 卷　第 X 期　　　　　　第一作者名等: 论文标题　　　　　　•3•

图 3-121　期刊论文奇偶数页页眉

3.4　邮件合并及域的使用

在实际工作中，有时需要向参加会议及活动的各位嘉宾发送邀请函或请柬，邀请函或请柬的格式相同，但收件人不同，如果参加的人员较多，逐个制作这些信函既浪费时间又容易出错，所以，一般用户就会利用文字处理软件的邮件合并功能来制作这些格式相同的信函文件。

3.4.1　实验目的

（1）掌握信函文件内容的录入和格式的设置方法。

（2）掌握邮件合并功能，生成批量信函的方法。

（3）掌握信封模板的制作，生成批量信封的方法。

（4）掌握窗体域的添加和使用方法。

3.4.2　实验内容与操作步骤

【实例 3.8】　某单位要在年前举办联谊会，向所有嘉宾发送邀请函，如图 3-122 所示。

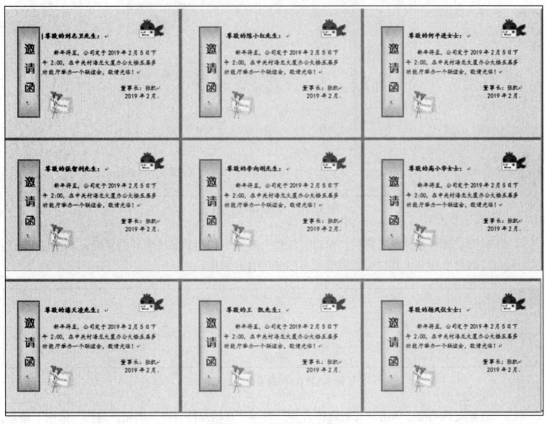

图 3-122　邀请函效果图

操作步骤如下。

步骤 1：创建数据源。

用文字处理软件的邮件合并功能批量制作信函的前提是有一个参会人员信息表，这个信息表就是邮件合并的数据源。该数据源用文字处理软件或电子表格软件制作都可以，本例是使用电子表格软件制作一份嘉宾信息表。

打开电子表格软件，新建一个文档，将之保存为"嘉宾信息表"，如图 3-123 所示。

	A	B	C	D	E	F
	姓名	性别	单位	地址	邮政编码	电子邮箱
	刘志卫	男	尚利巧科技公司	××省××市××区××路9号	340253	ctvl@126.com
	陈小红	男	川涛韵有限公司	××省××市××区××路91号	500600	kfds@127.com
	何平进	女	博泽鸿科技公司	××省××市××区××路2号	640079	rtyuhgf@128.com
	张智利	男	凡旭多科技公司	××省××市××区××路2号	304600	xhh4gnl@129.com
	李向刚	男	园丰沃科技公司	××省××市××区××路4号	130060	jvsr5el@130.com
	高小华	女	汇卓斯科技公司	××省××市××区××路57号	587709	ajj6gm@131.com
	潘天凌	男	捷兴弘科技公司	××省××市××区××路52号	120604	gku5f@132.com
	王　凯	男	圣国登科技公司	××省××市××区××路41号	400788	bvf4gbb@133.com
	杨凤仪	女	蓝昂巨科技公司	××省××市××区××路95号	400600	nu5fc@134.com

图 3-123　嘉宾信息表

步骤 2：制作邀请函。

（1）建立主文档。新建一个文字处理文档，纸张为 A4，纸张方向为横向，将文档保存为"邀请函"，输入邀请函的基本内容并进行基本排版，如图 3-124 所示。

图 3-124　"邀请函"主文档

（2）打开"邮件合并"工具栏。单击"邮件"选项卡切换到邮件合并的界面，如图 3-125 所示，通过"邮件合并"工具栏可以完成所有的邮件合并工作。

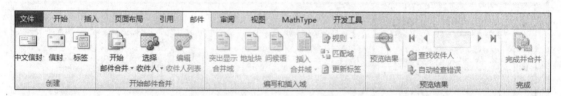

图 3-125　"邮件合并"工具栏

（3）设置文档类型。单击"开始邮件合并"组→"开始邮件合并"按钮，选择"信函"命令，如图 3-126 所示。

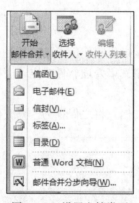

图 3-126　设置文档类型

（4）选择数据源。单击"开始邮件合并"组→"选择收件人"按钮，选择前面建好的数据源，如图 3-127 所示，从打开的"选择表格"对话框中选择数据所在的工作表，如图 3-128 所示。

图 3-127　选择数据源

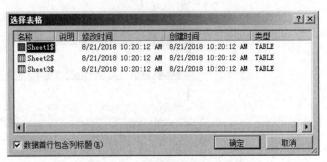

图 3-128　在数据源中选择所需表格

（5）设置收件人。单击"开始邮件合并"组→"编辑收件人列表"按钮，打开"邮件合并收件人"对话框，如图 3-129 所示，在该对话框可对收件人信息进行修改、排序和删除等操作，单击"确定"按钮就可将所选的收件人与邀请函建立连接。

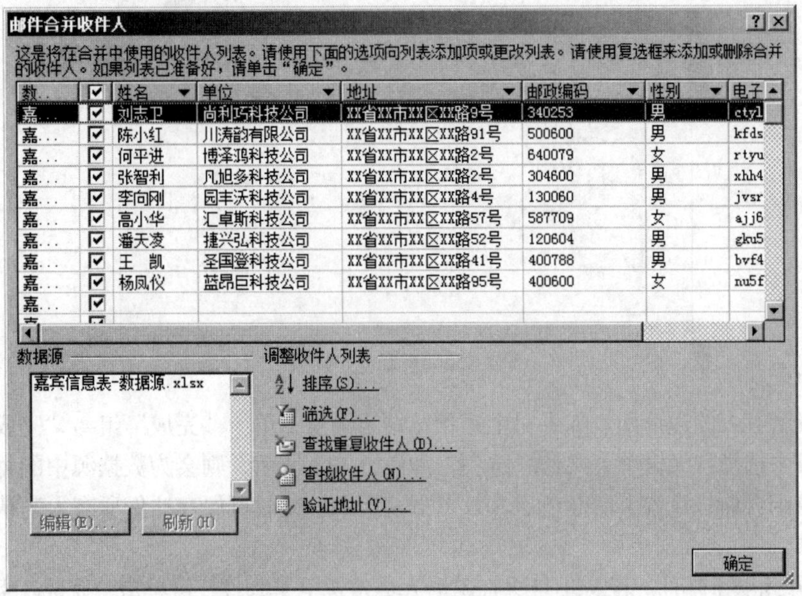

图 3-129　"邮件合并收件人"对话框

（6）设置插入域。将光标定位在主文档中需要插入域的位置，即"尊敬的"之后。单击"编写和插入域"组→"插入合并域"按钮，在其列表中选择"姓名"选项，如图 3-130 所示，插入域后主文档中会显示"尊敬的《姓名》"。

（7）设置规则。为了根据嘉宾的性别在邀请函的姓名后面自动输出"先生"或"女士"作为对被邀请人的尊称，就需要进行规则的设置。

将光标定位在主文档中"尊敬的《姓名》"之后，单击"编写和插入域"组→"规则"按钮→"如果…那么…否则"命令，在打开的对话框中，完成相应的设置（见图 3-131）后单击"确定"按钮。

图 3-130　"插入合并域"列表

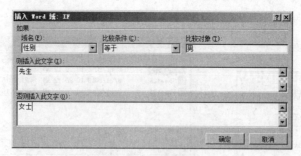

图 3-131　设置规则

至此，就完成了数据源（参会人员信息表）与邀请函主文档的域链接。

（8）查看合并数据。单击"预览结果"组→"预览结果"按钮，查看合并到邀请函中的数据，如图 3-132 所示。

图 3-132　查看合并数据

（9）生成所有人的邀请函。如果对上述预览结果满意，单击"完成"组→"完成并合并"按钮，在其列表中选择"编辑单个文档"选项，如图 3-133 所示，则会为数据源中的每一位联系人生成一个邀请函页面，设置页面颜色后，效果如前所示。此时可保存这份所有人邀请函的文档并逐份打印。

（10）合并到电子邮件。若需要向所有邀请人员发送电子邮件，可单击"完成"组→"完成并合并"按钮，在其列表中选择"发送电子邮件"选项，并在"合并到电子邮件"对话框中完成相应的设置（见图 3-134），然后单击"确定"按钮，即可向电子邮件中合并数据源。

图 3-133　生成所有人的邀请函

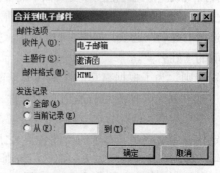

图 3-134　"合并到电子邮件"对话框

当系统完成了电子邮件合并工作后，将会在 Outlook 的"发件箱"中自动生成并保存所有人员邀请函的电子邮件，从而可以统一发送邀请函了。

【实例 3.9】　某单位要在年前举办联谊会，制作完所有嘉宾的邀请函后，还想制作相应的信封，如图 3-135 所示。

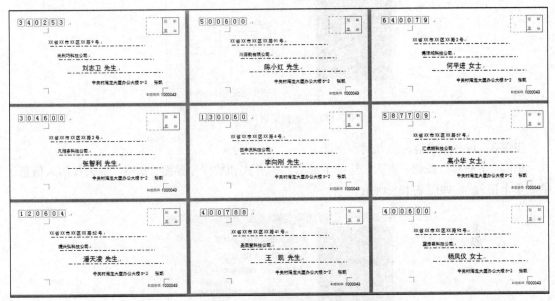

图 3-135　邀请函的信封效果图

操作步骤如下。

步骤 1：设置文档类型，启动信封制作向导。

单击"邮件"选项卡→"创建"组→"中文信封"按钮，打开"信封制作向导"对话框，如图 3-136 所示。

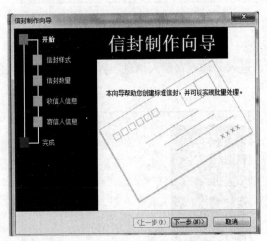

图 3-136　"信封制作向导"对话框

步骤 2：选择信封样式。

单击"下一步"按钮，进入"选择信封样式"界面，选择一种信封（如国内信封 – DL（220×110）），如图 3-137 所示。

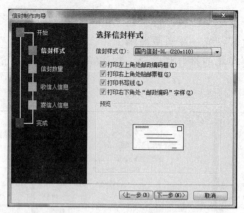

图 3-137 "选择信封样式"界面

步骤 3：选择生成信封的方式和数量。

单击"下一步"按钮，进入"选择生成信封的方式和数量"界面，选中"键入收信人信息，生成单个信封"，如图 3-138 所示。

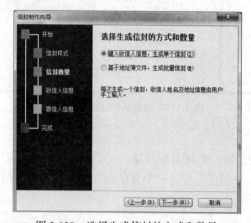

图 3-138 选择生成信封的方式和数量

步骤 4：输入寄信人信息。

单击"下一步"按钮，进入"输入寄信人信息"界面，输入寄信人的相关信息，如图 3-139 所示。

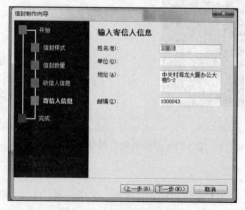

图 3-139 输入寄信人信息

单击"下一步"按钮，进入信封制作完成界面，单击"完成"按钮，随即生成了图 3-140 所示的信封模板。

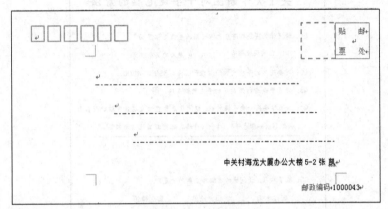

图 3-140　信封模板

步骤 5：选择数据源。

单击"开始邮件合并"组→"选择收件人"按钮，选择前面建好的实例中的数据源。

步骤 6：设置插入域。

单击信封模板中的收件人邮政编码位置，单击"编写和插入域"组→"插入合并域"按钮，选择"邮政编码"选项，同时在中间第一行左端位置插入合并域"地址"，在第二行左端位置插入合并域"单位"，在第三行的合适位置插入合并域"姓名"。

步骤 7：设置规则。

将光标定位在合并域"姓名"之后，单击"编写和插入域"组→"规则"按钮→"如果…那么…否则"命令，完成正确称呼的设置。

切换回"开始"选项卡，设置合并域"地址""单位"及寄信人信息为黑体、三号字，设置合并域"姓名"及后面的称呼为黑体、二号字，如图 3-141 所示。

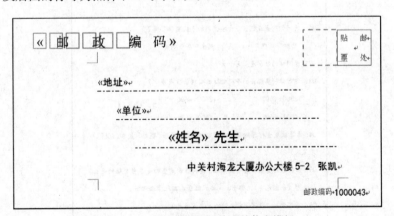

图 3-141　插入域并设置格式的信息模板

步骤 8：生成所有人的信封。

先预览信封，如果预览结果满意，单击"完成"组→"完成并合并"按钮，在其列表中选择"单个文档"，则会为数据源中的每一位联系人生成一个信封页面。此时可保存这份所有人信封的文档并逐份打印。

【**实例 3.10**】 利用插入窗体域制作一个电子调查表，如图 3-142 所示。

图 3-142 电子调查表

操作步骤如下。

步骤 1：新建一个主文档。

新建一个文档，纸张为 A4，纸张方向为纵向，将文档保存为"电子调查表"，输入文本内容并完成格式设置，如图 3-143 所示。

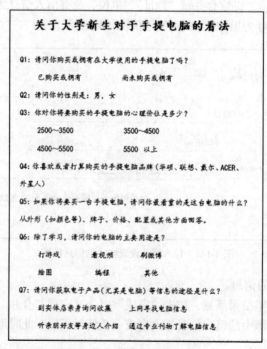

图 3-143 排版后的电子调查表

电子调查表的文字内容如下所示。

关于大学新生对于手提电脑的看法

Q1：请问你购买或拥有在大学使用的手提电脑了吗？

已购买或拥有　　　　　尚未购买或拥有

Q2：你对要购买的手提电脑的心理价位是：（通过下拉列表控件实现选择）

2500～3500，3500～4500，4500～5500，5500 以上

Q3：你喜欢或者打算购买的手提电脑品牌：（通过下拉列表控件实现选择）

（华硕、联想、戴尔、ACER、外星人）

Q4：如果你要买一台手提电脑，请问你最看重的是这台电脑的什么？从外形（如颜色等）、子、价格、配置或其他方面回答。（通过文本框控件实现）

Q5：除了学习，请问你的计算机的主要用途是？

打游戏　　　　　看视频　　　　　刷微博

绘图　　　　　　编程　　　　　　其他

Q6：请问你获取电子产品（尤其是计算机）等信息的途径是什么？

到实体店亲身询问收集　　　上网寻找计算机信息

听亲朋好友等身边人介绍　　通过专业刊物了解计算机信息

看电视，网页广告　　　　　其他

步骤 2：增加"开发工具"选项卡（即调出"窗体"工具栏）。

单击"文件"菜单→"选项"按钮，打开"Word 选项"对话框，选择"自定义功能区"，在"主选项卡"下拉列表框中勾选"开发工具"选项，如图 3-144 所示，单击"确定"按钮，即可在窗口顶部增加一个"开发工具"选项卡。

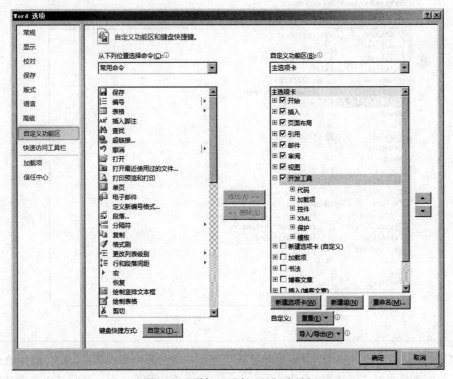

图 3-144　增加"开发工具"选项卡

接着在"开发工具"选项卡中，单击"控件"组中的"旧式窗体"按钮，即可打开设置窗体域的工具栏，如图 3-145 所示。

图 3-145　窗体控件

步骤 3：插入窗体控件。

（1）插入选项按钮控件。在文档的相应位置插入选项按钮控件，效果如图 3-146 所示。

○ 已购买或拥有	⊙ 尚未购买或拥有

图 3-146　插入选项按钮控件

单击"控件"组→"旧式窗体"→"选项按钮"按钮，则可在光标处插入选项按钮控件 ☐ OptionButton1。选中该控件，单击"控件"组→"属性"按钮，可打开"属性"对话框，设置该控件的标题，如图 3-147 所示。

属性	
OptionButton1 OptionButton	
按字母序 | 按分类序	
(名称)	OptionButton1
Accelerator	
Alignment	1 - fmAlignmentRight
AutoSize	False
BackColor	☐ &H00FFFFFF&
BackStyle	1 - fmBackStyleOpaque
Caption	已购买或拥有
Enabled	True
Font	宋体
ForeColor	■ &H00000000&
GroupName	
Height	18
Locked	False
MouseIcon	(None)
MousePointer	0 - fmMousePointerDefault
Picture	(None)
PicturePosition	7 - fmPicturePositionAboveCenter
SpecialEffect	2 - fmButtonEffectSunken
TextAlign	1 - fmTextAlignLeft
TripleState	False
Value	False
Width	108
WordWrap	True

图 3-147　"属性"对话框

在"设计模式"下（ ![设计模式] 呈黄色）可以设置控件的属性，改变控件的大小等，再次单击"设计模式"按钮 ![设计模式] ，退出设计模式，则控件就可以正常使用了。

（2）插入复选框控件。在文档的相应位置插入复选框控件，效果如图 3-148 所示。

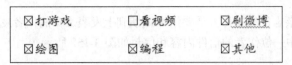

图 3-148　插入复选框控件

单击"控件"组→"复选框控件"按钮，则可在插入点处插入复选框控件 ☐ CheckBox1 。选中该控件，单击"控件"组→"属性"按钮，可打开"属性"对话框，同样设置该控件的标题。

（3）插入下拉列表控件。在文档的相应位置插入下拉列表控件，效果如 3-149 所示。

单击"控件"组→"下拉列表内容控件"按钮，则可在光标处插入下拉列表控件。选中该控件，单击"控件"组→"属性"按钮，可打开"内容控件属性"对话框，设置该控件的各个选项如图 3-150 所示。

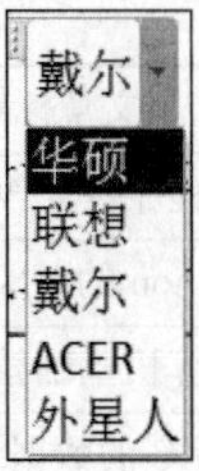

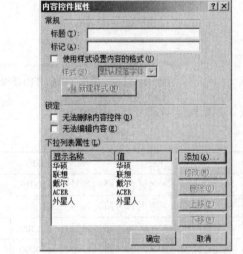

图 3-149　内容控件　　　　　图 3-150　"内容控件属性"对话框

（4）插入文本框控件。如果文档中要有一个输入文字的地方，可插入一个文本框控件，效果如图 3-151 所示。

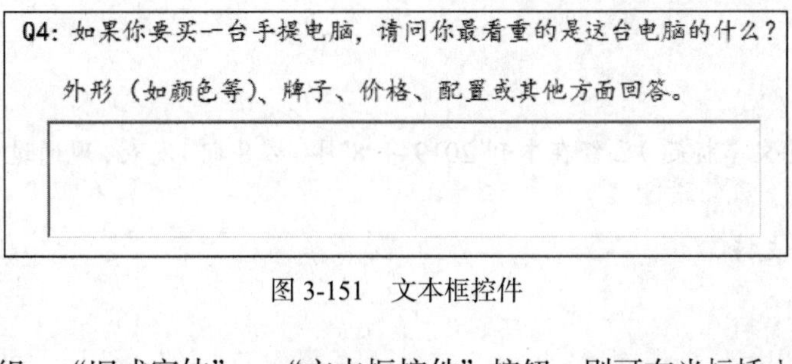

Q4: 如果你要买一台手提电脑，请问你最看重的是这台电脑的什么？

外形（如颜色等）、牌子、价格、配置或其他方面回答。

图 3-151　文本框控件

单击"控件"组→"旧式窗体"→"文本框控件"按钮，则可在光标插入文本框控件，选择该控件，进入"属性"对话框中将"Mulitiline"属性设置 True，退出设计模式后即可正常使用该控件。

3.4.3 实训

【实训 3.9】 某杂志社的工作人员要给本期期刊上发表文章的作者发放稿酬，需要为每位作者寄送一封信件，其中一位作者的信件内容和信封如图 3-152 所示。

图 3-152 一位作者的信件内容和信封

作者信息如表 3-2 所示。

表 3-2 作者信息

姓名	性别	地址	邮编	文章标题	稿费
廖皮恩	男	四川省成都市××区××路××号	610013	C 语言程序设计教学体系建设	93.0
张小平	男	四川省成都市××区××路××号	610036	Python 的对象与型式	100.0
刘宋利	女	广东省广州市××区××路××号	511300	大学计算机基础教学改革初探	94.0
周清强	男	湖北省武汉市××区××路××号	430000	基于 C 的数据结构课程	116.0
苏业珊	女	福建省厦门市××区××路××号	361000	Python 程序设计教学体系建设	98.0
叶军	女	陕西省西安市××区××路××号	710000	Python 教学中实用型词频统计案例展示	93.0

信件内容如下。

尊敬的：

您好！

您的论文“ ”（文章标题）已经在本刊 2019 年 8 月（第 8 期）发表，现通过邮政汇款稿费　元，请注意查收。

感谢您的大力支持。

此致

敬礼！

××××杂志社

2019 年 9 月 26 日

实训要求如下。

（1）新建一个主文档，纸张为 16 开，输入信件内容，并保存文档为"文章稿费"，然后为文档设置合适的格式。

（2）进行邮件合并，选择数据源，插入有关的合并域"姓名""文章标题""稿费"，并对姓名后的称谓设置规则，如图 3-153 所示。

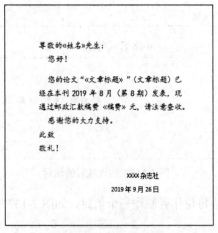

图 3-153　插入合并域

（3）完成合并邮件，即给每位作者制作一封信件，如图 3-154 所示。

图 3-154　所有作者的信件内容

（4）为作者制作信封：新建一文档，纸张为 A4，纸张方向为横向。用中文信封的"信封制作向导"制作一个信封空模板，如图 3-155 所示。

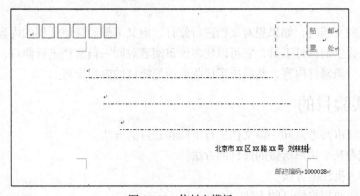

图 3-155　信封空模板

（5）进行邮件合并，选择数据源，插入域"邮编""地址""姓名"及称谓，并适当编辑完成格式设置，如图 3-156 所示。

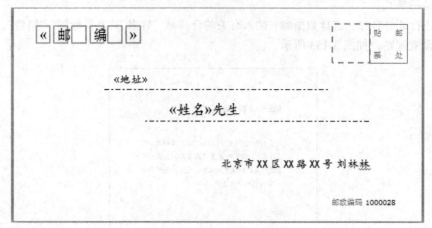

图 3-156　插入域后的信封

（6）完成合并邮件，即给每位作者制作一个信封，如图 3-157 所示。

图 3-157　为每位作者制作一个信封

3.5　文档审阅与修订

在审阅别人的文档时，如果想对文档进行修订，但又不想破坏原文档的内容或结构，可以使用文字处理软件提供的修订工具，它可以使多位审阅者对同一篇文档进行修订，作者只需要浏览每位审阅者的每一条修订内容，然后决定接收或拒绝修订的内容即可。

3.5.1　实验目的

（1）掌握多位审阅者对同一篇文档进行审阅和修订的方法。
（2）掌握查看某个用户所做的修订的方法。
（3）掌握插入批注的方法。
（4）掌握接收或拒绝修订的方法。

3.5.2　实验内容与操作步骤

【**实例 3.11**】　有两位专家对文档进行了审阅，如图 3-158 所示。

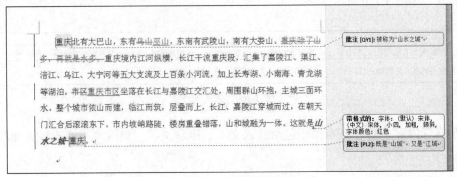

图 3-158　审阅与修订的内容

操作步骤如下。

步骤 1：新建文档。

新建一个文档，输入文字内容，并将之保存为"重庆"。设置全文为宋体、小四号字，1.5 倍行距，首行缩进两个字符。文本内容如下。

重庆北有大巴山，东有乌山，东南有武陵山，南有大娄山。重庆除了山多，再就是水多。重庆境内江河纵横，长江干流重庆段，汇集了嘉陵江、渠江、涪江、乌江、大宁河等五大支流及上百条小河流，加上长寿湖、小南海、青龙湖等湖泊。市区坐落在长江与嘉陵江交汇处，周围群山环抱，主城三面环水。整个城市依山而建，临江而筑，层叠而上，长江、嘉陵江穿城而过，在朝天门汇合后滚滚东下。市内坡峭路陡，楼房重叠错落，山和城融为一体。这就是山水之城——重庆。

步骤 2：更改用户名（即设置审阅专家信息）。

文字处理软件提供的修订工具可以使多位审阅专家对同一篇文档进行修订，但审阅修订文档前，每一位审阅者需要对用户信息进行设置和修改，使每一位审阅者都有自己的标记。

单击"审阅"选项卡→"修订"组→"修订"按钮，在其列表中选择"更改用户名"，打开"Word 选项"对话框，修改用户信息（姓名"齐云"，姓名缩写"QY"），如图 3-159 所示。

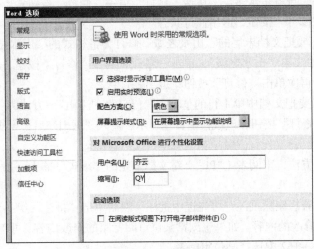

图 3-159　修改用户信息

步骤 3：进行审阅与修订。

（1）插入批注。选中需要插入批注的文本（开头的"重庆"），单击"审阅"选项卡→"批注"组→"新建批注"按钮，直接在批注框输入批注内容"被称为'山水之城'"，审阅者（QY）插入了一条批注，如图 3-160 所示。

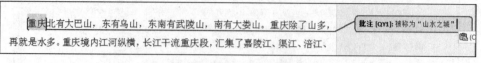

图 3-160　插入批注

（2）修订内容。修订内容操作包括插入文本、删除文本、更改文本格式等，如图 3-161 所示。

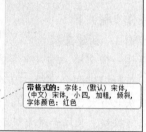

图 3-161　修订内容

审阅者（QY）要将文档中第 4 行的"市区"修订为"重庆市区"。方法为：选中文本（文档中第 4 行的"市区"），单击"修订"组→"修订"按钮，该按钮呈黄色显示，表明此时已进入修订状态，直接输入"重庆市区"。输入完毕后，再次单击"修订"按钮（即取消黄色显示），退出修订状态。

重新增加一位审阅专家的信息（姓名"潘力"，姓名缩写"PL"）。

审阅者（"PL"）要删除文档中第 1 行的文本"重庆除了山多，再就是水多。"方法为：选中文本"重庆除了山多，再就是水多。"，单击"修订"组→"修订"按钮，该按钮呈黄色显示，按删除键。再次单击"修订"按钮，退出修订状态。

审阅者（"PL"）要把文档末尾的"山水之城"修订为带格式的"山水之城"（红色、加粗、倾斜）。方法为：选中文本"山水之城"，单击"修订"组→"修订"按钮，该按钮呈黄色显示，按要求设置格式后，再次单击"修订"按钮，退出修订状态。

审阅者（"PL"）要把文档中第 1 行的"乌山"修订为"巫山"。方法为：选中文本"乌山"，单击"修订"组→"修订"按钮，该按钮呈黄色显示，输入"巫山"后，再次单击"修订"按钮，退出修订状态。

参照插入批注的方法，审阅者（"PL"）对文档末尾的"重庆"插入一条批注"既是'山城'，又是'江城'"。

（3）删除批注。若想删除批注，可先选中批注，然后单击"批注"组→"删除"按钮。

（4）浏览审阅者修改的内容。如果想浏览某位审阅专家的修改内容，可单击"修订"组→"显示标记"按钮，在图 3-162 中选择某位审阅者。

图 3-162　浏览一位审阅专家（PL）修改的内容

（5）接受或拒绝修订。修订完毕后，根据需要对修订进行接收或拒绝，如图 3-163 所示。

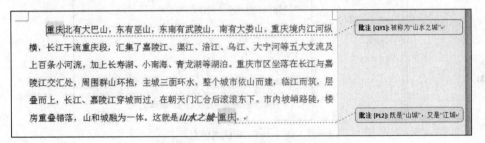

图 3-163　接收对文档的所有修订效果

单击"更改"组→"接收"按钮或"拒绝"按钮，如图 3-164 所示。

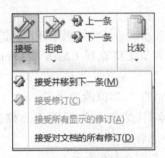

图 3-164　接受修订

3.5.3　实训

【实训 3.10】　审阅修订以下文本。

1944 年 2 月 14 日，由美国军方定制的世界上第一台电子计算机"电子数字积分计算机"（Electronic Numerical Integrator And Cumputer，ENIAC）在美国宾夕法尼亚大学问世了。ENIAC 是美国奥伯丁武器试验场为了满足计算弹道需要而研制的。ENIAC 包含了 17,468 根真空管（电子管），6000 多个开关，长 30.48 米，宽 6 米，高 2.4 米，占地面积约 170 平方米，30 个操作台，重达 30 多吨，耗电量 150 千瓦，造价 48 万美元。计算速度是每秒 5000 次加法或 400 次乘法，是使用继电器运转的机电式计算机的 1000 倍、手工计算的 20 万倍。ENIAC 的问世具有划时代的意义。表明电子计算机时代的到来。

实训要求如下。

（1）新建一个文档，输入上述文字，将文档保存为"第一台电子计算机"，设置全文为宋体、小四号字，1.5 倍行距、首行缩进两个字符。

（2）添加审阅者的信息。更改用户名（姓名"李虎"，姓名缩写"L"），如图 3-165 所示。

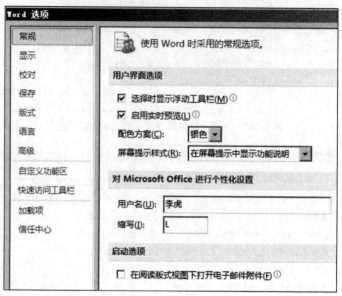

图 3-165　审阅者信息

（3）审阅者对文章进行审阅。

① 将"1944 年"修改为"1946 年"。

② 删除"2 月 14 日"。

③ 为"ENIAC 是美国奥伯丁武器试验场为了满足计算弹道需要而研制的"插入一条批注"由美国宾夕法尼亚大学莫尔学院物理学家莫克利（John　W.Mauchly）和工程师埃克特（J.Presper Eckert）领导的科研小组共同开发。"。

④ 将"造价 48 万美元。"后面的"。"修改为"，"。

⑤ 将"ENIAC 的问世具有划时代的意义。"后面"。"修改为"，"；将"表明电子计算机时代的到来"中的"表明"改为"标志着"。

（4）浏览审阅者的修改内容，如图 3-166 所示。

　1944~1946 年 2 月 14 日，由美国军方定制的世界上第一台电子计算机"电子数字积分计算机"（Electronic Numerical Integrator And Cumputer，ENIAC）在美国宾夕法尼亚大学问世。ENIAC 是美国奥伯丁武器试验场为了满足计算弹道需要而研制成的。ENIAC 包含了 17,468 根真空管（电子管）；6000 多个开关，长 30.48 米，宽 6 米，高 2.4 米，占地面积约 170 平方米，30 个操作台，重达 30 多吨，耗电量 150 千瓦，造价 48 万美元。，计算速度是每秒 5000 次加法或 400 次乘法，是使用继电器运转的机电式计算机的 1000 倍、手工计算的 20 万倍。ENIAC 的问世具有划时代的意义。，表明标志着电子计算机时代的到来。

批注 [L1]：由美国宾夕法尼亚大学莫尔学院物理学家莫克利（John　W. Mauchly）和工程师埃克特（J. Presper Eckert）领导的科研小组共同开发。

图 3-166　浏览审阅者的修改内容

（5）用户接收所有修订，如图 3-167 所示。

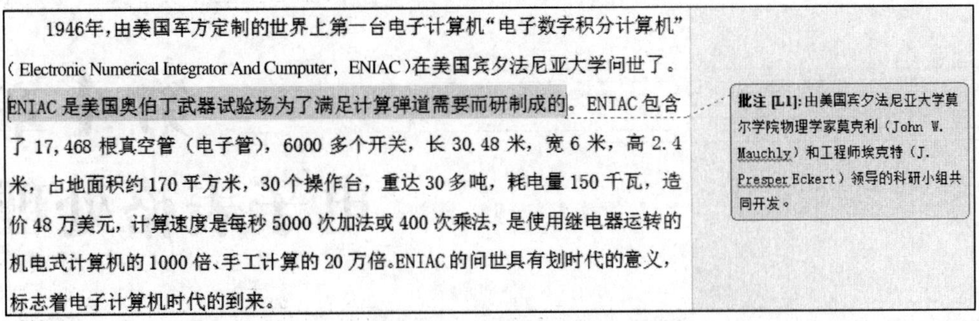

　　1946年，由美国军方定制的世界上第一台电子计算机"电子数字积分计算机"（Electronic Numerical Integrator And Cumputer，ENIAC）在美国宾夕法尼亚大学问世了。ENIAC 是美国奥伯丁武器试验场为了满足计算弹道需要而研制成的。ENIAC 包含了 17,468 根真空管（电子管），6000 多个开关，长 30.48 米，宽 6 米，高 2.4 米，占地面积约 170 平方米，30 个操作台，重达 30 多吨，耗电量 150 千瓦，造价 48 万美元，计算速度是每秒 5000 次加法或 400 次乘法，是使用继电器运转的机电式计算机的 1000 倍、手工计算的 20 万倍。ENIAC 的问世具有划时代的意义，标志着电子计算机时代的到来。

批注 [L1]: 由美国宾夕法尼亚大学莫尔学院物理学家莫克利（John W. Mauchly）和工程师埃克特（J. Presper Eckert）领导的科研小组共同开发。

图 3-167　修订后的文档

第 4 章
电子表格处理

Microsoft Excel 是一套功能完整、操作简易的电子表格处理软件，它提供了丰富的函数及强大的图表、报表制作功能，能帮助用户有效率地建立与管理资料。Excel 的基本功能有以下几种。

- 方便的表格制作：能够快捷地建立工作簿和工作表，并对其进行数据录入、编辑操作和多种格式化设置。
- 强大的计算能力：提供公式输入功能和多种内置函数，便于用户进行复杂的计算。
- 丰富的图表表现：能够根据工作表中的数据生成多种类型的统计图表，并对图表的外观进行修饰。
- 快速的数据库操作：能够对工作表中的数据实施多种数据库操作，包括排序、筛选和分类汇总等。
- 数据共享：可实现多个用户共享同一个工作簿文件，即与超链接功能结合，实现远程或本地多人协同对工作表进行编辑和修饰。

4.1 创建与编辑电子表格

一般来说，电子表格的处理都要遵循图 4-1 所示的操作流程。

图 4-1　电子表格操作的基本流程

4.1.1 实验目的

（1）了解电子表格操作的基本流程，掌握电子表格创建的基本知识。
（2）熟练掌握单元格格式设置、工作表的操作以及工作表的打印方法。

4.1.2 实验内容与操作步骤

【实例 4.1】　制作一张"学生基本情况表"，效果图如图 4-2 所示。
操作步骤如下。
步骤 1：新建一个空白工作簿并将之保存为"学生基本情况表"。
启动 Excel 后，系统自动建立一个空白工作簿。为了方便工作簿的打开和防止以后工作簿的丢失，先将电子表格进行更名保存。

	A	B	C	D	E
1	学生基本情况表				
2	序号	学号	姓名	入学成绩	出生年月
3	1	0001	万子友	72.00	2000/8/14
4	2	0002	秦湘玉	95.00	2000/7/15
5	3	0003	倪增呈	80.00	2001/1/1
6	4	0004	姜薇薇	95.00	2000/4/5
7	5	0005	吴万碧	90.00	2001/3/23

图 4-2 "学生基本情况表"的效果图

单击窗口左上角快速访问工具栏中的"保存"按钮 ，或者单击"文件"选项卡中的"保存"或"另存为"选项，将打开一个"另存为"对话框，新建一个文件夹（取名为：专业班级+姓名+学号后两位，如土木 07 刘军 23），将文件保存在此文件夹中，在"文件名"文本框中输入"学生基本情况表"，单击"保存"按钮即新建了一个名为"学生基本情况表"的工作簿。

📖 **知识要点：文档窗口界面**

Excel 的工作界面主要由标题栏、选项卡、功能区、快速访问工具栏、表名栏、状态栏等组成，如图 4-3 所示。

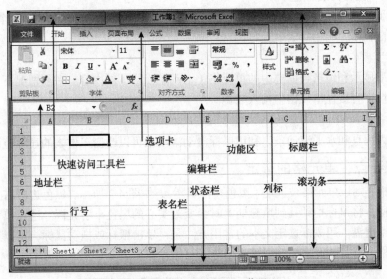

图 4-3 Excel 电子表格的工作界面

下面分别对各个组成部分进行说明。

1. 标题栏

标题栏位于窗口的顶部，显示应用程序名 Microsoft Excel 及当前正在被编辑的工作簿文件名。

2. 选项卡

每个选项卡下都包含了多个选项组，每个选项组中又包含了若干命令，一个选项卡就是一类命令的集合。

3. 功能区

功能区位于选项卡的下方，它与选项卡是配合使用的。功能区中列出了当前选中的选项卡所包含的选项组和命令按钮。选择不同的选项卡，功能区的内容也会发生变化。

4. 快速访问工具栏

快速访问工具栏位于标题栏的左侧，它包含一组常用的命令按钮，这些命令按钮是固定的，不随选项卡的选择而变化，默认情况下为"保存""撤销"和"恢复"命令按钮。单击其右侧的下拉箭头，用户即可自定义快速访问工具栏中的命令按钮。

5. 表名栏

Excel 的工作簿可以由多个工作表（Sheet）组成，也就是说一个工作簿里可以有多个内容相互独立的工作表。默认情况下，一个工作簿由 3 个工作表组成，它们的名称分别为 Sheet1、Sheet2、Sheet3。表名栏里列出了工作簿所包含的所有工作表的名称，通过单击这些名称，可以切换到相应的工作表。工作表的名称可以改变，数量可以增减，但一个工作簿至少要包含 1 个工作表，最多可包含工作表的数量与 Excel 的版本有关。

6. 状态栏

状态栏位于窗口的最底部，它的功能主要包括显示当前单元格数据的编辑状态、显示选定区域的统计数据、选择页面显示方式以及调整页面显示比例等。

7. 行号、列标

工作表的每行和每列都有自己的标号，即行号和列标。列标显示在工作表的上端，用 A，B，…等英文字母来表示；行号显示在工作表的左端，用 1，2，…等连续的数字来表示。

8. 地址栏（又称为名称框）

地址栏用于显示单元格的地址（或名称），如果地址栏里显示"F8"，则表示当前选中的是第 F 列、第 8 行的单元格。

9. 编辑栏

编辑栏用来显示和编辑当前选中的单元格（活动单元格）的内容。一般情况下，编辑栏用途不大，用户习惯于直接在单元格中输入数据。

10. 滚动条

滚动条分为垂直和水平滚动条，利用鼠标滑动滚动条可以改变工作表的显示范围。

📖 **知识要点：单元格的选定**

单击单元格，则该单元格被选定（黑色边框显示），如图 4-4 所示，黑色边框右下角的黑色小方块称为填充柄，将鼠标指针移到填充柄上时会变为实心的黑色十字光标。选定单元格，可以用鼠标，也可以用键盘。用鼠标选定文本的常用方法是：单击鼠标或拖动鼠标，可以选定一个单元格、多个单元格、一行单元格或一列单元格等，具体操作见表 4-1 中的说明。

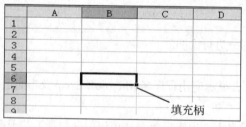

图 4-4 选定单元格

表 4-1　　　　　　　　　　　　　　　用鼠标选定单元格的常用方法

选定单元格	操作步骤
选定一个单元格	单击该单元格
选定连续的若干个单元格	拖动鼠标；或者单击第一个单元格后，按住 Shift 键的同时再去单击最后一个单元格

选定单元格	操作步骤
选定离散的若干个单元格	单击第一个单元格后，按住 Ctrl 键的同时再去单击其他单元格
选定一行单元格	将鼠标移到该行最左边的行号，指针呈水平向右，单击
选定一列单元格	将鼠标移到该列最上边的列号，指针呈竖直向下，单击
选定多行单元格	将鼠标移到该行行号处，向下拖动鼠标
选定多列单元格	将鼠标移到该列列号处，向右拖动鼠标
选定矩形区域	拖动鼠标（又称框选法）
选定多个矩形区域	选定第一个区域后，按住 Ctrl 键的同时再去选择其他区域

注：矩形区域可以表示为"左上角单元格地址:右下角单元格地址"，如 B2:D6。

步骤 2："学生基本情况表"的数据输入。

（1）文本型数据（不能进行计算）的输入。默认为左对齐，若文本型数据为数字，应以单引号开头，如"0001"，应输入为"'0001"。

（2）数值型数据的输入。默认为右对齐，若数据太长，自动改为科学计数法表示。

输入分数时，应在数字前加一个"0"和空格，如"2/3"，应输入为"0 2/3"。

输入小数末尾为 0 的数时，如"72.00"，先输入"72"，再在"开始"选项卡功能区的"数字"选项组中，单击两次"增加小数位数"命令按钮。

（3）日期和时间的输入。输入日期，用"/"或"-"作为年、月、日的分隔符，输入系统当前日期可以用 Ctrl+;组合键，输入时间，用":"作为时、分、秒的分隔符，输入系统当前时间可以用 Ctrl+Shift+;组合键。

（4）数据的填充输入。数据的填充输入是在相邻单元格中输入有一定规律的数据。

相同数据的填充：选定一个单元格，输入数据，将鼠标移到填充柄上，向水平或垂直方向拖动即可；若数据为文本类型中含有数字，如"a01"，则应按住 Ctrl 键再拖动。

规律变化的数据的填充：若数据为数值类型，在起始相邻的两个单元格中输入数据，选中这两个单元格，然后用填充柄拖动鼠标到目标单元格，即可填充数据。若数据为文本类型中含有数字，选定一个单元格，输入数据，将鼠标移到填充柄上，向水平或垂直方向拖动即可。

（5）一个单元格中还可以采用强制换行方式输入多行数据，使用 Alt+Enter 组合键即可强制换行。如"入学成绩"，先输"入学"，再按 Alt+Enter 组合键，最后输"成绩"。

📖 知识要点：单元格的基本操作

1. 区域的选定与取消

在对单元格进行编辑前，首先要选定单元格，然后才能进行后续操作。

选定单个单元格：单击需选单元格。

选定整行：单击工作表的行号，可选定一整行。

选定整列：单击工作表的列标，可选定一整列。

选定整个工作表：单击第 1 行号之上（第 A 列标之左）的矩形区域。

选定矩形区域：单击需选区域的左上角单元格，按住鼠标拖动至右下角单元格。也可按住 Shift 键，利用上下左右箭头键，从需选区域的左上角移动至右下角。

选定不连续区域：按住 Ctrl 键的同时，单击需选的所有单元格。

取消选定：在被选区域之外的任何位置单击鼠标即可。

2. 数据的输入与修改

单元格数据的输入，单击鼠标选中单元格后键入所需数据，输入的数据即为单元格的值。

单元格数据的修改，双击单元格，单元格中出现闪烁的光标，此时单元格处于可编辑状态，光标闪烁的位置称为插入点，移动光标到所需位置，可输入新的内容，也可利用 Del 键或 Backspace 键清除一个或多个字符。

3. 清除、删除、插入单元格

单元格的清除是指将单元格中的内容、格式、批注或超链接清除，并用默认的格式替换原有格式，而单元格本身仍保留；删除是指将整个单元格（包括其中的内容、格式等）全部删除，且还要用其他单元格来填补。

（1）清除单元格。选择单元格或区域后再按 Del 键，可清除单元格中的内容，但不能清除格式、批注等（读者可以自行设计一个小小的实验来验证）。若要清除格式、批注或超链接，可在"开始"选项卡的功能区中，单击"编辑"选项组中"清除"命令按钮的下拉箭头，并选择相应的命令。

（2）删除单元格。选定单元格或区域后，在"开始"选项卡的功能区中，单击"单元格"选项组中"删除"命令按钮的下拉箭头，并选择相应的命令。

（3）插入单元格。选定单元格后，在"开始"选项卡的功能区中，单击"单元格"选项组中"插入"命令按钮的下拉箭头，并选择相应的命令，可插入一行、一列或单个单元格，若鼠标右键单击行号或列标后选择"插入"命令，则可插入一行或一列单元格。

（4）插入批注。批注的作用是对单元格进行说明或备注，每个单元格都可以插入一个单独的批注。此操作命令可在"审阅"选项卡的功能区中找到，最方便还是通过"单击鼠标右键"来完成。插入了批注的单元格的右上角会显示一个红色的小三角，当鼠标指针移动到该单元格时，会自动显示批注框中的批注（见图 4-5）。

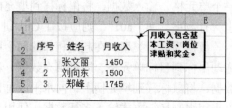

图 4-5　单元格的批注

（5）插入超链接。在单元格中插入超链接后，单击该单元格可链接到其他文件、网页或本工作簿的其他位置，合理应用超链接可增强工作表的可读性。插入超链接的命令可在"插入"选项卡的功能区中找到，也可通过单击鼠标右键的快捷菜单来完成。

4. 单元格的复制与移动

可以利用"开始"选项卡功能区中的"复制""剪切""粘贴"三组命令或者 Ctrl+C、Ctrl+X、Ctrl+V 组合键完成，其具体使用方法与 Word 中的相应操作基本相同，其中 Excel 又具有特有的单元格复制、移动的快捷操作。

（1）移动单元格。选中单元格区域后，将鼠标移动到所选区域的边缘，鼠标指针将变成"✛"，按住鼠标左键后，指针变成"▷"，将区域拖动至所需位置即可。

（2）复制单元格。

复制升序（降序）数列：如果所选区域是单个单元格，且单元格中的数据为数值、科学记数、日期、时间等可计数的类型，则鼠标移动到所选单元格的填充柄处，按住 Ctrl 键（时间、日期型不按），指针将变成"✚"，按住鼠标左键沿行或列的方向拖动。若向右方或下方拖动，可在行或列的方向上产生一个升序数列；若向左方或上方拖动，可在行或列的方向上产生一个降序数列。

复制等差数列：要产生一组等差数列，只需在相邻的两个单元格中输入数据，确定出步长后，其他数据便可利用复制功能自动产生。

步骤 3："学生基本情况表"中的单元格格式设置。

单元格格式设置是 Excel 的特有功能，它主要用于设置单元格和数据的外观，所以格式设置也称为单元格修饰。"格式"的内涵相当丰富，它包含了单元格的数据类型，单元格对齐方式，字体（含字体、字号、字形、颜色、效果），边框，填充，保护等多种设置。

在"开始"选项卡功能区的"单元格"选项组中，单击"格式"命令按钮可进行格式设置，也可通过鼠标右键单击快捷菜单来进行格式设置。"设置单元格格式"对话框如图 4-6 所示，该对话框中包含"数字""对齐""字体"等 6 个选项卡，每个选项卡下面对应了不同类型的格式设置，下面分别介绍。

图 4-6　"设置单元格格式"对话框

📖 知识要点：设置数据类型

为了控制单元格中数据的显示外观，同时也为了便于对工作表中的数据进行统计、筛选、排序等处理，Excel 提供了数据类型定义功能，允许将数据定义为数值、文本、货币、日期、时间、会计专用等多种类型，并且同一一类型的数据还可以使用不同的显示格式。

在默认情况下，单元格的数据类型为"常规"。其实"常规"不是特定类型，而是一个不定类型，如果用户输入的全是阿拉伯数字，将被系统自动识别为数值；如果输入的数据含有字符，将被自动识别为文本，在输入数据之前先输入前导符"'"，也会被识别为文本；如果输入诸如"2012/12/30"之类的数据，将被自动识别为日期。设置数据类型的实例如图 4-7 所示。

百分比		零开头数值		多位数值	
设置前	设置后	设置前	设置后	设置前	设置后
0.0134	1.34%	8156	0081456	5.23014E+12	5230135788645
日期数据		时间数据		中文大写数字	
设置前	设置后	设置前	设置后	设置前	设置后
2014/9/7	二〇一四年九月七日	23:45	下午11时45分	3845	叁仟捌佰肆拾伍

图 4-7　数据类型设置实例

📖 知识要点：设置单元格的对齐方式

单元格的对齐设置主要是设置数据在单元格中的显示位置、方向和文本控制规则，具体设置包括单元格中数据的水平和垂直对齐方式、文字的方向、单元格合并、自动换行、缩小填充等（见图 4-8），对齐设置能提高表格的可读性和美观程度。

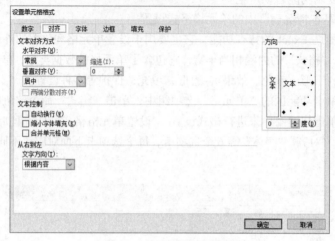

图 4-8　单元格的对齐设置

📖 知识要点：设置边框

Excel 提供了丰富、灵活的边框设置功能，它允许分别设置单元格的上、下、左、右、对角线边框，并允许使用不同的线条样式和颜色（见图 4-9）。在设置边框时最好按"先选颜色，再选线条样式，最后设置边框"的顺序进行。

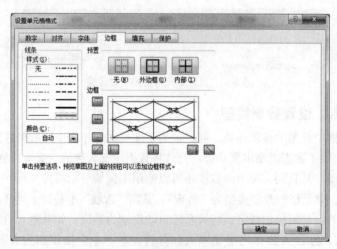

图 4-9　单元格格式边框设置

步骤 4：对表格需要进行如下格式设置。

- 设置单元格数据居中。
- 将标题单元格合并居中。
- 设置字符格式。标题字体格式：黑体、22 号、粗体；表中数据格式：宋体、11 号。
- 调整列宽（或行高）。

- 设置表格线（外边框红色双实线，内部细实线）。
- 设置条件格式（90 分及其以上的入学成绩用红色字表示）。

具体操作如下。

（1）设置单元格数据居中。

① 选定所有数据单元格：从 A1 格开始拖动鼠标沿对角线到 E7 单元格，用框选的方法，选定所有的数据单元格。

② 在"开始"选项卡功能区的"单元格"选项组中，单击"格式"命令按钮，打开"设置单元格格式"对话框，如图 4-6 所示。

③ 单击"对齐"选项卡，如图 4-8 所示。将"水平对齐"和"垂直对齐"都设为"居中"，单击"确定"按钮。

（2）将标题单元格合并居中。

① 选定单元格 A1:E1。

② 在"开始"选项卡功能区的"单元格"选项组中，单击"格式"命令按钮，打开"设置单元格格式"对话框，单击"对齐"选项卡，勾选"合并单元格"选项，然后单击"确定"按钮，即可把标题单元格合并居中。或者在"开始"选项卡功能区的"对齐方式"选项组中单击"合并后居中"按钮 。

（3）设置字符格式。

① 选定标题单元格。

② 在"开始"选项卡功能区的"单元格"选项组中，单击"格式"命令按钮，在出现的快捷菜单（见图 4-10）中单击"设置单元格格式"，在出现的"设置单元格格式"对话框中，单击"字体"选项卡，按要求设置字体格式（黑体、22 号、粗体），设置完毕单击"确定"按钮关闭对话框（或者在"开始"选项卡功能区的"字体"选项组中直接设置）。

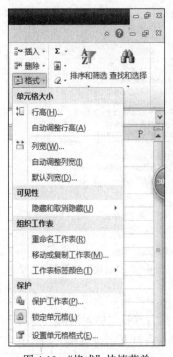

图 4-10　"格式"快捷菜单

③ 用同样的方法设置表中数据的字体格式（宋体、11 号）。

（4）调整列宽（或行高）。

在"开始"选项卡功能区的"单元格"选项组中，单击"格式"命令按钮，如图 4-10 所示，单击"行高"可精确设定行高，单击"列宽"可精确设定列宽。

把鼠标指针移到两列标志之间（如 A 列和 B 列），如图 4-11 所示，待指针变成双箭头时，按住鼠标左键并左右拖动可以改变此列的宽度。

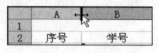

图 4-11 调整列宽

把鼠标指针移到两行标志之间（如 1 行和 2 行），待指针变成双箭头"➕"时，按住鼠标左键并上下拖动就可以调整行距。

（5）设置表格线。

① 选定整个数据表格（A1:E7）。

② 在"开始"选项卡功能区的"单元格"选项组中，单击"格式"命令按钮，打开"单元格格式"对话框，单击"边框"选项卡，如图 4-9 所示。

③ 先选颜色为红色，然后选线条样式为双实线；再单击"外边框"，然后选线条样式为细实线，又单击"内部"，最后单击"确定"按钮关闭对话框（或者通过"开始"选项卡功能区的"字体"选项组中的"边框"按钮 □·进行设置）。

（6）设置条件格式。

① 选定需要设置条件格式的单元格（D3:D7）。

② 在"开始"选项卡功能区的"样式"选项组中，单击"条件格式"命令按钮，在出现的列表中单击"新建规则"，打开"新建格式规则"对话框，如图 4-12 所示。

图 4-12 "新建格式规则"对话框

③ 选择"只为包含以下内容的单元格设置格式"选项（有许多可选规则，用户可以根据不同的需求选择恰当的规则和格式），然后选择"单元格值""大于或等于"，在第三个下拉列表框中输入"90"，接着单击"格式"按钮，将打开"设置单元格格式"对话框。

④ 在"字体"中将颜色设置为红色，单击"确定"按钮。

步骤 5：为单元格（D3:D7）修改条件格式。

在"开始"选项卡功能区的"样式"选项组中，单击"条件格式"命令按钮，在出现的列表中单击"管理规则"，选中需要的规则，单击"编辑规则"进行修改。

步骤 6：清除条件格式。

在"开始"选项卡功能区的"样式"选项组中，单击"条件格式"命令按钮，在出现的列表中单击"清除规则"，选中需要清除规则的选项即可。

【实例 4.2】　将文件"学生基本情况表"中的"Sheet1"复制一张工作表，并将复制的工作表名称改为"成绩表"，如图 4-13 所示，以第一、二行作为每页的标题进行页面设置并保存文件。

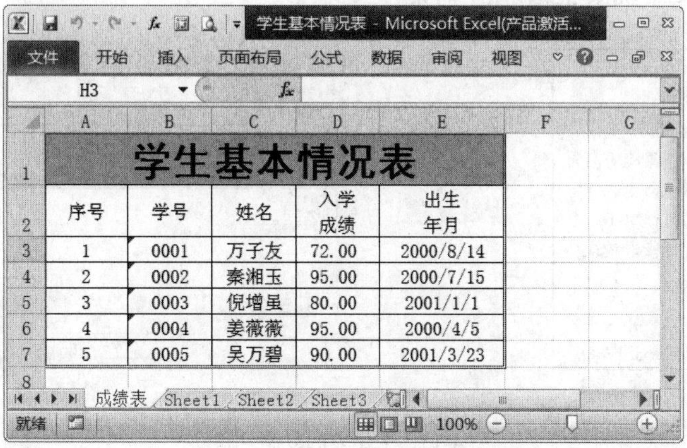

图 4-13　工作表操作效果图

操作步骤如下。

步骤 1：打开文件"学生基本情况表"。

步骤 2：右键单击工作表名称"Sheet1"，选择"移动/复制"命令。

工作簿是存储和处理数据的文件，其扩展名为.xlsx。一个工作簿可以包含多张工作表，工作表是用来存储和处理数据的一张表格，是工作簿的一部分。工作表标签即工作表的名称，一个工作簿中不能有同名的工作表。

（1）切换工作表。一个工作簿中可以包含多个工作表，每个工作表都有一个名字，单击表名栏中的工作表名即可切换到所选的工作表。若工作表太多，表名栏显示不全，可单击前进或后退按钮进行翻阅，如图 4-14 所示。

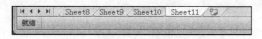

图 4-14　表名栏

（2）工作表的插入、删除、重命名。右键单击表名栏中的工作表名，在出现的快捷菜单中单击"插入"命令，将弹出一个对话框，从中可以选择插入对象的类型，选择"工作表"后，单击"确定"按钮即可在所选工作表之前插入一个空白工作表。

右键单击表名栏中的工作表名，在出现的快捷菜单中单击"删除"命令，将弹出一个对话框，单击"确定"按钮后即可删除所选的工作表。

右键单击表名栏中的工作表名，在出现的快捷菜单中单击"重命名"命令，或直接双击工作表名，即可修改工作表名。必须注意的是：同一工作簿内不能有名字相同的工作表。

（3）工作表的移动与复制。Excel 可以在同一工作簿文件内很方便地移动、复制工作表。在同一工作簿内移动工作表，可以改变工作表的排列顺序，但并不影响表中的数据。移动的方法是：单击表名栏中的工作表名，按住鼠标左键并拖动到所需位置。复制工作表的方法是：选中工作表，按住 Ctrl 键，按住鼠标左键并拖动到所需位置，新工作表的名字为源工作表名字后加上"（2）"。

另外，还有一种方法可以完成工作表的插入、删除、重命名、移动、复制等操作。具体做法是：将鼠标指针指向表名栏的工作表名，单击右键后会弹出图 4-15（a）所示的菜单，选择相应的选项，便可完成相应操作。采用此方法，可以将工作表移动或复制（勾选"建立副本"复选框）到其他工作簿文件中，如图 4-15（b）所示。

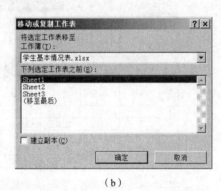

（a）　　　　　　　　　　　　　　　　　　（b）

图 4-15　工作表的复制、移动

（4）多表之间数据的复制和移动。要在不同工作表之间进行数据的复制和移动操作，必须使用 "复制""剪切""粘贴"命令。具体方法是：在源工作表中选中需要复制或移动的单元格区域，单击右键选择"复制"或"剪切"命令，然后切换到目标工作表，并选择好位置，再单击右键并选择"粘贴"命令，即可完成复制或移动操作。默认情况下，数据、格式、批注、超链接会一并复制。

同时，Excel 也提供了选择性粘贴功能（参见图 4-16（a）），允许只粘贴已复制对象中的一部分。例如，只粘贴其中的数据、公式等，甚至还能将原单元格区域进行转置后再粘贴（参见图 4-16（b））。

（a）　　　　　　　　　　　　　　　　　　（b）

图 4-16　选择性粘贴

步骤 3：双击工作表名"Sheet1（2）"（也可右键单击工作表名"Sheet1（2）"，选择"重命名"命令），变黑以后输入"成绩表"3 个字，并按回车键。

步骤 4：工作表的页面设置。

Excel 的打印功能可将工作表的内容输出到纸张上，而页面设置是为了调整打印的效果，这两个功能是相互关联的。

（1）页面设置。在"页面布局"选项卡功能区的"页面设置"选项组中，可启动"页面设置"对话框（见图 4-17）。

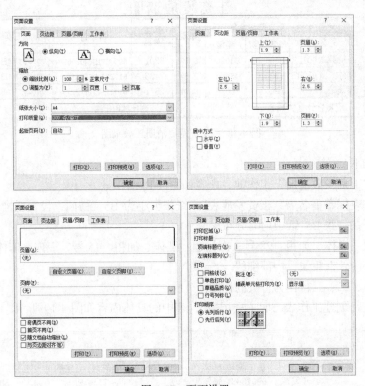

图 4-17　页面设置

该对话框中有"页面""页边距""页眉/页脚"和"工作表"4 个选项卡，下面介绍这 4 个选项卡。

页面：主要用于设置打印的方向（横向或纵向）、缩放比例、纸张大小等内容。

页边距：设置打印的上、下、左、右边距、页眉/页脚的高度和打印内容的摆放位置等。

页眉/页脚：Excel 允许在页眉或页脚内插入诸如日期、时间、页码、作者等标识。可单击下拉列表选择预先设定好的页眉和页脚样式，如果需要设置更复杂的页眉和页脚，可使用"自定义页眉"和"自定义页脚"命令进行设置。

工作表：主要设置工作表的打印区域、打印顺序和打印标题等。在打印标题中可以把工作表的一行或连续的多行定义成"打印标题"，在打印过程中 Excel 会自动将这些行加在每一打印页的开头。

Excel 的页面设置多数只在打印或预览时生效，正常的编辑状态下看不出效果，且页面设置只对当前工作表有效。

（2）打印输出。Excel 的打印操作很简单，既可在"页面设置"对话框中执行，也可在快速访问工具栏或选项卡中执行。打印前还可以进行打印份数设置、选择打印机、预览等操作。

步骤 5：保存文件。

4.1.3 实训

【实训 4.1】 制作一张工资发放清册，效果图如图 4-18 所示。

姓名	工资编号	应发金额		扣税	实发金额	身份证号	发放日期
		基本工资	奖金				
张晓鹏	00138	2500.0	800.0	3.0%	3201	523087198402050***	2014年7月8日
郑媛	01245	1300.0	1200.0	2.5%	2438	517233196408150***	2014年7月1日
刘薇薇	00027	1900.0	750.0	3.0%	2571	510212297712290***	2014年7月7日
应发合计（大写）					捌仟肆佰伍拾		

（表标题：工资发放清册）

图 4-18 "工资发放清册"效果图

实训要求如下。

创建一个"工资发放清册"工作簿，内容如图 4-18 所示。

（1）将工作表标签更名为"工资发放表"，纸张大小为 B5，横向，设置适当的行高、列宽，使工资发放表可在一张 B5 纸中均匀分布。

（2）表标题：黑体、加粗、28 号；次标题：黑体、加粗、15 号；表内：宋体、15 号。

（3）表框线：外框粗线，内部细线。

（4）以第一、二、三行作为每页的标题。

【实训 4.2】 创建工作表"职工登记表"，表中的具体内容如图 4-19 所示。

	A	B	C	D	E	F	G	H
1	职工登记表							
2	序号	部门	员工编号	姓名	性别	出生年月	工龄	工资
3	1	开发部	09018681	张伟雄	男	71/5/9	22	3000
4	2	测试部	09018780	黄晓娟	女	70/11/28	23	4000
5	3	测试部	09018781	李妮娜	女	70/3/19	19	4000
6	4	市场部	09018850	王强	男	72/1/10	12	2800
7	5	市场部	09018851	赵秀春	女	74/12/7	14	2500
8	6	开发部	09018682	罗亮	男	70/5/4	22	4000
9	7	文档部	09018980	王蓓蓓	女	75/3/10	13	2200
10	8	开发部	09018683	沈海涛	男	78/8/22	14	1800
11	9	市场部	09018852	樊烨	男	76/2/5	12	2000
12	10	文档部	09018981	钟新萍	女	78/6/14	14	1800

图 4-19 "职工登记表"效果图

实训要求如下。

（1）设置标题格式：将标题行设置为字号 20，隶书，加粗，行高 40，跨列居中。

（2）设置表头格式：将表头设置为字号 12，楷体，加粗，字体颜色红色，底纹填充淡蓝色。

（3）设置行高和列宽：将"工资"这列数据的列宽设为"自动调整列宽"，其余各列列宽设为 8，将除标题行外的数据行的行高设为 16（注：用"单元格"组的"格式"按钮）。

（4）设置对齐方式：将"工资"这列数据设置为"货币格式"，其他所有数据居中对齐。

（5）设置表格边框线：表格外框（不包括标题）加上蓝色粗框线，其他框线为黑色细实线。

（6）将“工龄”这列数据移到“出生年月”这列数据的前面（注：选中数据列，按住 Shift 键的同时拖动数据列的左列线即可）。

（7）设置批注：为员工“黄晓娟”添加批注“2013 年度优秀员工”。

（8）设置条件格式：将工资在 2500（包括 2500）以下的数据显示为蓝色，同时将工资在 3500（包括 3500）以上的数据显示为绿色（注：用“样式”组的“条件格式”按钮的“新建”规则）。

（9）隐藏“员工编号”和“出生年月”两列数据（注：选中所有列，单击鼠标右键可取消隐藏）。

（10）为表格设置自动套用格式，具体设置为“表样式中等深浅 24”。

4.2 公式和函数的使用

Excel 中的公式是对工作表中的数据执行计算并返回结果的等式，它是 Excel 最重要的功能之一。在单元格中输入公式，可以对工作表中的各类数据进行数值、逻辑、文本等运算，并实时显示计算结果。

4.2.1 实验目的

（1）了解公式的组成。

（2）熟练运用公式来对数据进行处理。

（3）掌握函数的插入及常见函数的使用方法。

4.2.2 实验内容与操作步骤

【实例 4.3】 制作一张“学生登记表”，效果图如图 4-20 所示。

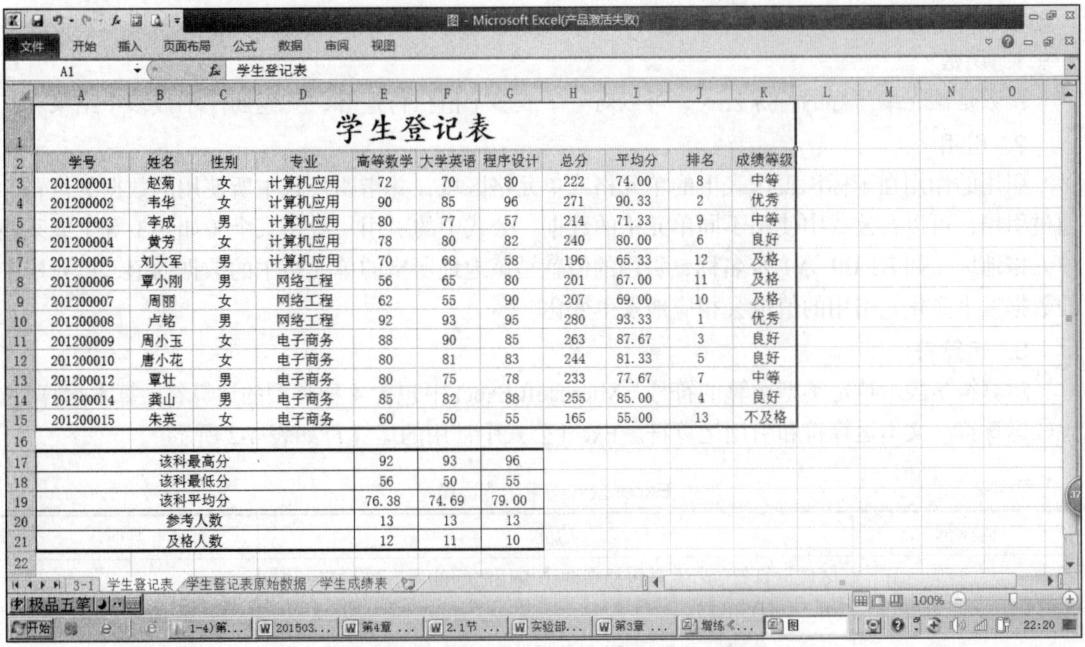

学生登记表

学号	姓名	性别	专业	高等数学	大学英语	程序设计	总分	平均分	排名	成绩等级
201200001	赵菊	女	计算机应用	72	70	80	222	74.00	8	中等
201200002	韦华	女	计算机应用	90	85	96	271	90.33	2	优秀
201200003	李成	男	计算机应用	80	77	57	214	71.33	9	中等
201200004	黄芳	女	计算机应用	78	80	82	240	80.00	6	良好
201200005	刘大军	男	计算机应用	70	68	58	196	65.33	12	及格
201200006	覃小刚	男	网络工程	56	65	80	201	67.00	11	及格
201200007	周丽	女	网络工程	62	55	90	207	69.00	10	及格
201200008	卢铭	男	网络工程	92	93	95	280	93.33	1	优秀
201200009	周小玉	女	电子商务	88	90	85	263	87.67	3	良好
201200010	唐小花	女	电子商务	80	81	83	244	81.33	5	良好
201200012	覃壮	男	电子商务	80	75	78	233	77.67	7	中等
201200014	龚山	男	电子商务	85	82	88	255	85.00	4	良好
201200015	朱英	女	电子商务	60	50	55	165	55.00	13	不及格

该科最高分	92	93	96
该科最低分	56	50	55
该科平均分	76.38	74.69	79.00
参考人数	13	13	13
及格人数	12	11	10

图 4-20 学生登记表

操作步骤如下。

步骤 1：新建一个空白工作簿并将之保存为"学生登记表"。

在工作表 Sheet1 中输入图 4-21 所示的数据。

图 4-21 "学生登记表"初始数据

步骤 2：在 H3 单元格输入"=E3+F3+G3"，按回车键，再选定 H3，然后用填充柄拖动鼠标到 H15，完成总分的计算。

📖 知识要点：公式的组成

Excel 的公式由函数、引用（或名称）、运算符和常量组成。

1. 函数

函数是预先编写好的特殊公式，可以对一个或多个值执行运算，并返回一个或多个结果。

2. 引用

引用的作用在于标识工作表上的单元格或单元格区域，并指明公式中所使用的数据的位置。通过引用，可以在公式中使用不同单元格的数据。公式中的引用一般是某个（如 A3 等）或某些单元格地址（如 B1:B9 等）及名称，引用的值就是该地址所指的单元格中的数据的值，单元格中的数据发生变化，引用的值也会相应地发生变化。

3. 运算符

运算符是表示特定类型运算的符号。Microsoft Excel 中包含 4 种类型的运算符：算术运算符、比较运算符、文本运算符和引用运算符。Excel 公式中常用的运算符如表 4-2 所示。

表 4-2　　　　　　　　　　　　　　Excel 公式中常用的运算符

运算符	功能	类别
:	区域运算符，产生对包括在两个引用之间的所有单元格的引用，如(B5:B15)	引用运算符
（单个空格）	交叉运算符，产生对两个引用共有的单元格的引用。如(B7:D7 C6:C8)	

续表

运算符	功能	类别
，	联合运算符，将多个引用合并为一个引用，如 SUM(B5:B15, D5:D15)	引用运算符
－	负号	
%	百分比	算数运算符
∧	乘幂	
*、/	乘、除	
+、－	加、减	
&	连接两个文本数据	文本运算符
=、<、>、<=、>=、<>	等于、小于、大于、小于等于、大于等于、不等于	比较运算符

4. 常量

常量是一个固定不变的值。例如，=30+70+110。

📖 知识要点：公式的输入

所有的公式都必须以英文符号的等号"="开头，如"=E3+F3+G3"。如果在输入公式时未加"="，Excel 将把输入的内容当成一般的文本数据。在单元格中输入公式并按回车键后，输入的公式将会显示在编辑栏中，而单元格中显示的是公式计算后的结果。

图 4-22 是公式应用的一个简单例子，其作用是计算两个数的乘积，即销售金额（D 列）等于商品单价（B 列）乘以销售量（C 列）。

图 4-22　公式应用实例

📖 知识要点：复制公式

如果需要在多个单元格中逐一输入公式，可利用 Excel 提供的公式的复制功能。公式的复制其实就是将一个单元格的内容复制到另一个单元格。公式从源单元格复制到目标单元格后，目标单元格中的公式的引用（单元格地址）会自动发生变化。如将 D2 单元格的公式"=B2*C2"复制到 D3，则公式将由"=B2*C2"变为"=B3*C3"。

变化的规律是：目标单元格公式中引用的行、列数=源单元格公式中引用的行、列数+(行增量、列增量)。

以图 4-22 的公式为例，D2 的公式复制到 D3 后，其行、列增量分别为 1、0，因此，公式就由"=B2*C2"变为"=B3*C3"。

📖 知识要点：相对地址、混合地址、绝对地址

单元格地址的书写方式是：列标+行号，这种书写方式称为"相对行相对列地址"，简称为相对地址。若在公式中引用相对地址，则公式复制到其他单元格后，目标单元格的地址引用将发生变化。但若公式中的某个引用需要固定指向某个单元格，复制公式后不希望被改变，这种情况下就必须采用绝对地址。

绝对地址在书写时需要在行和列之前加上一个"$"，如$D$9。

混合地址在书写时需要在行或列之前加上一个"$"，它又分为两种形式：如$A7、H$3。

公式中的引用采用相对地址就称为"相对引用"，采用绝对地址就称为"绝对引用"，采用混合地址就称为"混合引用"。无论是哪种引用，单元格中的公式复制到其他单元格后，公式中引用地址的行列变化规律可总结为：有"$"就不变，无"$"则加上行或列的增量。例如：

单元格 A1 中的公式是"=$B11"，把 A1 复制到 C5，行、列增量为 4 和 2，但由于是相对行绝对列引用，公式复制后行变列不变，所以，C5 中的公式应该是"=$B15"；

单元格 A1 中的公式是"=B$11"，把 A1 复制到 C5，行、列增量为 4 和 2，但由于是绝对行相对列引用，公式复制后列变行不变，所以，C5 中的公式应该是"=D$11"；

单元格 A1 中的公式是"=$B$11"，把 A1 复制到 C5，行、列增量为 4 和 2，但由于是绝对行绝对列引用，公式复制后行列均不变，所以，C5 中的公式应该是"=$B$11"。

📖 知识要点：单元格名称

单元格名称就是为单元格取的一个名字，以替代它原有的单元格地址，被定义了名称的单元格，其地址栏里显示的是它的名称，而不是原来单元格的地址。

单元格名称的定义方法是：首先选中需要定义名称的单元格，单击右键并选择"定义名称"命令，然后在弹出的"新建名称"对话框中输入名称，并选择适用范围，单击"确定"按钮即可（见图 4-23）。

图 4-23　定义单元格名称

在一张很大的工作表里，如果需要引用多处绝对地址，最好是为这样的单元格定义一个容易记忆的名称，以便于直接引用。例如，假设 B2 单元格中的数值是 35，B2 单元格又被定义了名称"Test"，则公式"=(Test+10)*2"的值就是 90。

步骤 3：在 I3 单元格中输入"=average(E3:G3)"，按回车键，再选定 I3，然后用填充柄拖动鼠标到 I15，即可完成平均分的计算。

📖 知识要点：函数

Excel 为用户提供了大量的标准函数，并根据用途将这些函数划分为"常用""统计""财务"

"数学与三角函数""日期与时间""文本""逻辑"等十几个种类。

1．函数格式

函数名(参数表)

2．常见函数

常见函数见表4-3。

表 4-3　　　　　　　　　　　　　　　　常见函数表

函数名	功能
SUM()	计算单元格范围中的数值之和
AVERAGE()	计算单元格范围中的平均值
COUNT()	计算单元格范围中的数字个数
COUNTIF()	计算单元格范围中满足条件的个数
ABS()	计算单元格范围中数值的绝对值
MAX()	计算单元格范围中的最大值
MIN()	计算单元格范围中的最小值

3．函数的使用

先选中需要插入函数的单元格，在"公式"选项卡功能区中单击"插入函数"命令按钮或单击编辑栏中的"插入函数"按钮 f_x ，在弹出的"插入函数"对话框中选择所需要的函数（见图 4-24（a）），并单击"确定"按钮。之后将弹出"函数参数"对话框，在该对话框中需要选择函数的参数，即选择要对哪些单元格进行计算。如果要对 B2 至 D2 的单元格求平均值，可在第一个参数栏中输入"B2:D2"（见图 4-24（b）），也可以用鼠标在工作表中直接选取单元格区域，最后单击"确定"按钮完成函数的插入。如果能记住函数的表达式，可以直接在单元格的公式中输入函数，这样更快捷。图 4-24（c）给出了一个函数应用的简单实例。

（a）

（b）

（c）

图 4-24　插入函数

SUM、AVERAGE、COUNT、MAX、MIN 等函数只能实现简单的统计功能，这些函数的参数中只有单元格地址，不能输入统计条件。在实际应用中，对数据进行统计时，往往都需要设定一些条件，如"女性的平均年龄""机械工程系学生总人数""姓王的男学生人数"等。要完成这些统计，需要使用 Excel 提供的条件统计函数。

所谓条件统计函数，就是该函数可以按照设定的条件进行统计。常用的条件统计函数有COUNTIF、SUMIF、IF 等，这些函数还能组合起来，完成复杂的统计功能。

（1）COUNTIF 函数

COUNTIF 称为条件计数函数，即统计满足一定条件的单元格的个数。在图 4-25 所示的例子中，如果要统计表中女性的人数（即统计性别等于"女"的单元格个数），可以在任意空白单元格中输入包含条件计数函数的公式：=COUNTIF(B2:B6, "女")，回车后即可得到统计结果。

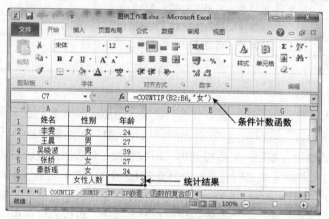

图 4-25　条件计数函数

COUNTIF 函数有两个参数，一个是被统计的单元格区域，另一个是统计条件，参数与参数之间用英文的逗号分隔。在图 4-25 的例子中，参数"B2:B6"代表性别数据所在单元格区域是 B2～B6，"女"代表性别为女，也可以写成"=女"。注意：公式中的引号必须是英文的双引号。如果要统计表中年龄大于 30 的人数，可将公式改为：=COUNTIF(C2:C6, ">30")。

（2）SUMIF 函数

SUMIF 称为条件求和函数，即对满足一定条件的单元格中的数据求和。SUMIF 函数有 3 个参数，分别是：条件数据所在单元格区域、求和条件、求和数据所在单元格区域。

在图 4-26 所示的例子中，如果要计算"网络工程"专业学生的总人数，需要考虑 3 个问题：一是代表条件的数据在哪里；二是求和条件是什么；三是求和的数据在哪里。清楚这三点后，公式就很容易写出来了，即=SUMIF(A2:A8,"=网络工程",D2:D8)。公式中，"A2:A8"代表存放条件数据的单元格区域，"=网络工程"是求和条件，"D2:D8"是存放求和数据的单元格区域。

在某些情况下，条件数据和求和数据是同一个数据，例如，求人数大于 32 的班级的学生总数，此时函数的参数可以简化为两个，即=SUMIF(D2:D8, ">32")。

（3）INT 函数

INT 函数称为取整函数，将数字向下舍入到最接近的整数。函数格式为：INT(number)，其中number 是要进行向下舍入取整的实数。例如，=INT(8.9)，将 8.9 向下舍入到最接近的整数为 8，又如=INT(-8.9)，将-8.9 向下舍入到最接近的整数-9。

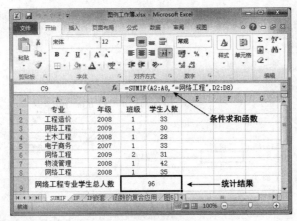

图 4-26　条件求和函数

（4）ROUND 函数

ROUND 函数可将某个数字四舍五入为指定的位数。函数格式为：ROUND(number, num_digits)，其中 number 是要四舍五入的数字；num_digits 是进行四舍五入的位数。

如果 num_digits 大于 0，则将数字四舍五入到指定的小数位。

如果 num_digits 等于 0，则将数字四舍五入到最接近的整数。

如果 num_digits 小于 0，则在小数点左侧进行四舍五入。

例如，=ROUND(2456.789,0)的值为 2457；=ROUND(2456.789,2)的值为 2456.79；=ROUND(2456.789,-2)的值为 2500。

（5）IF 函数

IF 函数有两个返回值，当满足一定条件时，IF 函数返回一个值，当不满足条件时，IF 函数返回另一个值。在 Excel 的函数集中，IF 是属于逻辑类函数。它可以与其他统计函数混合使用，实现比较复杂的统计功能。

IF 函数有 3 个参数，其书写方式如下：

`IF(逻辑表达式,逻辑表达式为真的返回值,逻辑表达式为假的返回值)`

如果某个整数除以 2 等于这个数除以 2 后取整，则这个是偶数，否则就是奇数。例如，7 除以 2 等于 3.5，7 除以 2 取整等于 3，因此 7 是奇数。

（6）IF 函数的嵌套及组合应用

所谓嵌套就是一层套一层，即 IF 函数里面套 IF 函数。如图 4-27 所示，将百分制的考试成绩转换成五级制：分数是否小于 60，若是则为"不及格"，若不是则判断分数是否小于 70，若是则为"及格"，若不是则判断分数是否小于 80，若是则为"中"，若不是则判断分数是否小于 90，若是则为"良"，若不是则为"优"。IF 嵌套可书写为：

`=IF(A2<60,"不及格",IF(A2<70,"及格",IF(A2<80,"中",IF(A2<90,"良","优"))))`

IF 函数除了能嵌套使用外，还能与多种函数组合使用，如图 4-28 所示，针对收入在 8000 元以内（包括 8000 元）的简化版税收计算如下：5000 元以下不需要扣除个税，收入大于 5000 元小于等于 8000 元，按 3%扣税。其扣税的公式为：

=IF(SUM(B2:C2)>5000,(SUM(B2:C2)-5000)*0.03,0)

（7）RANK.AVG 函数

RANK.AVG 函数有 3 个参数，其书写方式为：

`RANK.AVG(number, ref, order)`

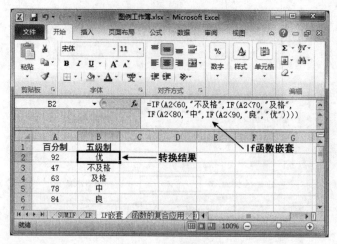

图 4-27 If 函数嵌套

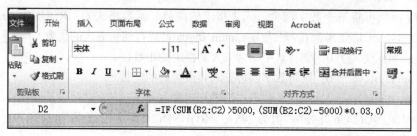

图 4-28 函数的复合应用

其中，number（必选），指出要查找其排位的数字。

ref（必选），数字列表数组或对数字列表的引用。ref 中的非数值型值将被忽略。

order（可选），一个指定数字的排位方式的数字。order 为 0 或忽略，对数字的排位就会基于 ref 是按照降序排序的列表，否则就是按照升序排序的列表。

步骤 4：在 J3 单元格中输入 "=RANK.AVG(H3,H$3:H$15)"，按回车键，再选定 J3，然后拖动填充柄到 J15，完成排名操作。

步骤 5：在 K3 单元格中输入 "=IF(I3>=90,"优秀",IF(I3>=80,"良好",IF(I3>=70,"中等",IF(I3>=60,"及格","不及格"))))"，按回车键，再选定 K3，然后拖动填充柄到 K15，完成成绩等级操作。

步骤 6：在 E17 单元格中输入 "=MAX(E3:E15)"，按回车键，再选定 E17，然后拖动填充柄到 G17，求出各科最高分。

步骤 7：在 E18 单元格中输入 "=MIN(E3:E15)"，按回车键，再选定 E18，然后拖动填充柄到 G18，求出各科最低分。

步骤 8：在 E19 单元格中输入 "=AVERAGE (E3:E15)"，按回车键，再选定 E19，然后拖动填充柄到 G19，求出各科平均分。

步骤 9：在 E20 单元格中输入 "=COUNT(E3:E15)"，按回车键，再选定 E20，然后拖动填充柄到 G20，求出参考人数。

步骤 10：在 E21 单元格中输入 "=COUNTIF(E3:E15,">=60")"，按回车键，再选定 E21，然后拖动填充柄到 G21，求出及格人数。

步骤 11：保存文件。

4.2.3 实训

【实训 4.3】 创建工作表"学生成绩表",表中具体内容如图 4-29 所示。

序号	姓名	性别	籍贯	基础课	专业课1	专业课2	综合分	名次	奖学金等级	奖学金金额	特别奖	二等奖女生姓名
							学生成绩表					
1	李向斌	男	北京	80	65	79						
2	刘晓丽	女	上海	78	86	80						
3	龚文文	女	江西	79	88	75						
4	刘伟	男	北京	58	75	53						
5	司琴	女	山东	80	80	67						
6	席梦娟	女	江西	56	79	67						
7	徐斌	男	天津	88	90	95						
8	黄国辉	男	广东	85	93	67						
9	张卫国	男	北京	78	74	45						
10	王玉娟	女	天津	86	89	82						
	男生人数											
	姓"刘"的"综合分"之和											

图 4-29 学生成绩表

实训要求如下。

(1)综合分保留一位小数,综合分计算公式为:综合分=基础课×40%+专业课 1×30%+专业课 2×30%。

(2)根据"综合分"对学生成绩进行排名(注:运用 RANK.AVG 函数来做)。

(3)根据综合分计算奖学金等级:综合分在 90 分以上(含 90 分)的为"一等奖",综合分在 90 分以下、80 分(含 80 分)以上的为"二等奖",综合分在 80 分以下、70 分(含 70 分)以上的为"三等奖",70 分以下的为"无"(注:运用条件函数 IF 嵌套来做)。

(4)根据奖学金等级计算奖金金额,一等奖奖学金 1 万元,二等奖奖学金 8000 元,三等奖奖学金 5000 元(注:运用条件函数 IF 嵌套来做)。

(5)计算特别奖:"综合分"最高分者将获得特别奖,特别奖 1 万元(注:运用条件函数 IF 和求最大值函数 MAX 来做)。

(6)在 M 列运用函数显示获得二等奖的女生姓名(注:运用条件函数 IF 来做)。

(7)在 F14 单元格中,运用函数计算男生人数(注:运用条件计数函数 COUNTIF 来做)。

(8)在 F15 单元格中,运用函数计算"刘"姓学生的"综合分"之和(注:运用条件求和函数 SUMIF 来做)。

(9)将"综合分"用绿色渐变填充的数据条来显示(注:在"开始"选项卡功能区的"样式"选项组中,单击"条件格式"命令按钮,在出现的快捷菜单中选择"数据条"中"渐变填充"中的"绿色"填充)。

4.3 数据的图表化

4.3.1 实验目的

(1)熟练掌握图表的创建及编辑方法。

(2)掌握迷你图的创建方法。

4.3.2 实验内容与操作步骤

【实例 4.4】 新建一个工作簿，输入图 4-30 所示的数据，将"Sheet1"重命名为"成绩表"，用姓名、语文、数学、英语为数据制作簇状柱形图，并将文件保存为"数据处理表"。

序号	学号	姓名	语文	数学	英语	总成绩
\multicolumn{7}{学生成绩表}
1	0500101	陈思思	76	83	68	227
2	0500102	李明	60	71	75	206
3	0500103	刘晓琳	91	88	90	269
4	0500104	王强	78	87	80	245

图 4-30 创建图表初始数据

操作步骤如下。

步骤 1： 新建文件并输入数据，将"Sheet1"重命名为"成绩表"。

步骤 2： 创建图表。

（1）选定要用的数据，即 C2:F6 区域的单元格。（若选定的数据非连续区域，如"姓名"列与"数学"列，可在选定前一区域后，按住 Ctrl 键再选定后一区域）。

（2）在"插入"选项卡功能区的"图表"选项组中单击"创建图表"图标（"图表"选项组右下方的 按钮），将出现图 4-31 所示的"插入图表"对话框，在对话框中选择"簇状柱形图"的图表类型后，单击"确定"按钮即可完成图表的创建。

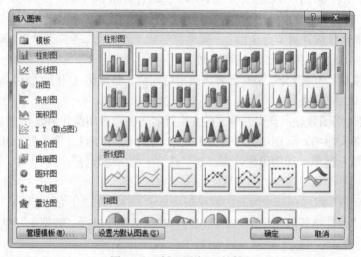

图 4-31 "插入图表"对话框

步骤 3： 保存文件，将之命名为"数据处理表"。

📖 **知识要点：更改图表中数据系列的数据源**

（1）选中插入的图表，出现"图表"工具栏，在"图表"工具栏中"设计"选项卡的"数据"选项组中单击"选择数据"图标，将打开"选择数据源"对话框，如图 4-32 所示。

（2）若需添加总成绩，可单击"图例项（系列）"下的"添加"按钮，打开"编辑数据系列"对话框，如图 4-33 所示。

图 4-32　"选择数据源"对话框

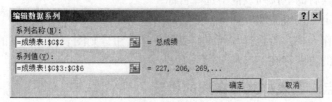

图 4-33　"编辑数据系列"对话框

（3）在对话框的"系列名称"文本框中输入新系列名称所在的单元格，在"系列值"文本框中输入新系列数据所在的单元格，单击"确定"按钮，返回"选择数据源"对话框，再次单击"确定"按钮，此时图表中数据系列增加了总成绩。

（4）若需删除总成绩，可在"选择数据源"对话框中选定总成绩，单击"图例项（系列）"下的"删除"按钮，再单击"确定"按钮。

📖 **知识要点：更改数据系列的排列顺序**

（1）打开"选择数据源"对话框，在对话框的"图例项（系列）"列表中选择"语文"选项，单击"下移"按钮▼将"语文"选项在列表中下移。

（2）单击"确定"按钮，关闭"选择数据源"对话框，图表中数据系列的排列顺序发生了改变，"语文"排在了"数学"的后面。

📖 **知识要点：更改图表类型**

（1）在"设计"选项卡的"类型"组中单击"更改图表类型"按钮，打开"更改图表类型"对话框，在左侧列表中选择图表分类，在右侧选择需要使用的图表，如图 4-34 所示。

图 4-34　"更改图表类型"对话框

（2）单击"确定"按钮，关闭"更改图表类型"对话框，此时图表更改为选择的类型。

📖 **知识要点：移动图表**

（1）工作表内移动图表：选中图表，将鼠标指针放置到图表边框上，当鼠标指针变为 ⁀⁀ 形状时，拖动图表即可在工作表内移动图表的位置。

（2）工作表间移动图表：选中图表，在"图表"工具栏中"设计"选项卡的"位置"选项组中单击"移动图表"图标，打开"移动图表"对话框，如图 4-35 所示。在对话框中选择"对象位于"单选按钮，在其后的下拉列表框中选择目标工作表，单击"确定"按钮关闭对话框，图表即

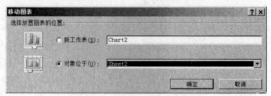

图 4-35　"移动图表"对话框

可移动到指定的工作表中。若选择"新工作表"单选按钮，则图表将以独立的工作表形式存在，而不是以嵌入对象的方式存在。

📖 **知识要点：图表样式和布局的设置**

（1）选中图表，在"设计"选项卡的"图表样式"组中单击 "其他"按钮 ⁻，在打开的下级列表中列出了 Excel 内置的图表样式，直接选中可以快速更改图表的样式，如图 4-36 所示。

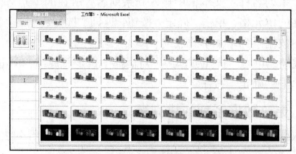

图 4-36　快速更改图表样式

（2）在"设计"选项卡的"图表布局"组的"快速布局"列表中列出了 Excel 内置的图表布局样式，直接选中可以快速更改图表的布局样式，如图 4-37 所示。

图 4-37　设置图表布局

📖 知识要点：图表中数据标签的使用

（1）选中图表，在"布局"选项卡的"标签"组中单击"数据标签"按钮，在打开的下级列表中选择相应的选项，设置数据标签的显示位置，如图 4-38 所示。

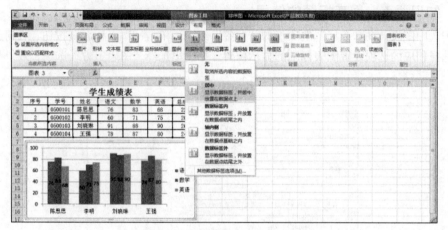

图 4-38　设置数据标签的显示位置

　　　　如果要取消数据标签的显示，只需在"数据标签"的下级列表中选择"无"选项即可。另外，在图表中选择某个数据标签后，按 Delete 键能将选择的数据标签删除。

（2）在"数据标签"的下级列表中选择"其他数据标签选项"，将弹出"设置数据标签格式"对话框，如图 4-39 所示。在"标签包括"区域可以设置图表中数据标签显示的内容。

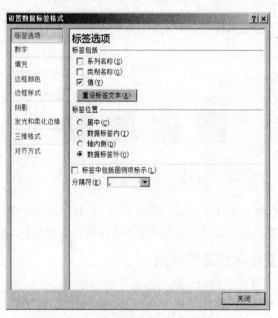

图 4-39　"设置数据标签格式"对话框

（3）使用"数字"选项卡中的选项可以对数据标签的数据格式进行设置。

（4）使用"填充"选项卡中的选项可以对数据标签文本框的填充样式进行设置。

数据标签实际上是一个文本框，可以像普通文本框那样设置文本格式。例如，可以使用"开始"选项卡中的命令对文字的字体、字号、对齐方式等进行设置。另外，在对一个数据标签进行格式设置后，同样可以使用"格式刷"工具将格式复制给其他的数据标签。

📖 **知识要点：图表标题的使用**

（1）选中图表，在"布局"选项卡的"标签"组中，单击"图表标题"按钮，在打开的下级列表中选择相应的选项设置图表标题的显示位置。如这里选择"图表上方"选项，效果如图4-40所示。

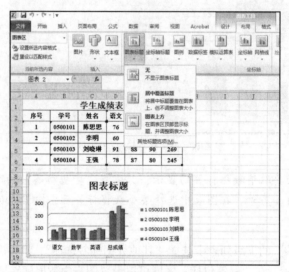

图4-40　设置图表标题的显示位置

（2）在"图表标题"中输入标题文字（如"成绩表"），如图4-41所示。

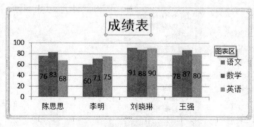

图4-41　使用图表标题效果图

（3）若要删除图表标题，可在"布局"选项卡的"标签"组中单击"图表标题"按钮，然后在打开的下级列表中选择"无"选项；也可选定图表标题，然后按 Del 键。

📖 **知识要点：坐标轴标题的使用**

（1）选中图表，在"布局"选项卡的"标签"组中单击"坐标轴标题"按钮，在打开的下级列表中选择"主要横坐标轴标题"下的"坐标轴下方标题"，在图表的"坐标轴标题"中输入"姓名"。

（2）在"布局"选项卡的"标签"组中单击"坐标轴标题"按钮，在打开的下级列表中选择"主要纵坐标轴标题"下的"竖排标题"，在图表的"坐标轴标题"中输入"分数"。效果如图4-42所示。

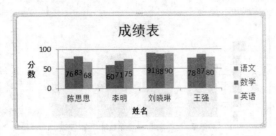

图 4-42　坐标轴使用标题效果图

📖 **知识要点：坐标轴样式的设置**

（1）在图表中选择坐标轴，在"开始"选项卡的"字体"组中对坐标轴的文字样式进行设置。

（2）在"布局"选项卡的"坐标轴"组中单击"坐标轴"按钮，在打开的下级列表中视其对纵横坐标轴的设置，选择"主要横坐标轴"下的"其他主要横坐标轴"选项或选择"主要纵坐标轴"下的"其他主要纵坐标轴"选项，打开"设置坐标轴格式"对话框，如图 4-43 所示。

图 4-43　"设置坐标轴格式"对话框

（3）在"设置坐标轴格式"对话框中，可以对坐标轴的坐标轴选项、文字填充方式、数字格式等进行设置。针对图 4-42 中的图表，选择"主要纵坐标轴"下的"其他主要纵坐标轴"选项进行设置，然后设置在"坐标轴选项"的主要刻度单位为"固定"，并在后面的文本框中输入 20（见图 4-43）；在"填充"选项卡中设置坐标轴文字的填充方式为"纯色填充"，颜色为"红色"，单击"关闭"按钮，图表如图 4-44 所示。其他格式栏的设置同学们都试一试，这里不再赘述。

总之，对图表修改的方法是：需要修改哪一部分，就将鼠标指向该位置，单击鼠标右键，然后在弹出的快捷菜单中选择相应的命令即可。

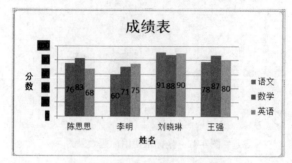

图 4-44　设置坐标轴样式效果图

【**实例 4.5**】　新建一个工作簿，输入图 4-45 所示的数据并制作"分离型三维饼图"图表，将文件保存为"汽车销售"。

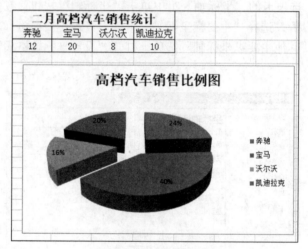

图 4-45　"汽车销售"图

操作步骤如下。

步骤 1：新建文件并输入数据。

步骤 2：创建图表。

（1）选定要用的数据，即 A2:D3 区域的单元格。

（2）在"插入"选项卡功能区的"图表"选项组中单击"饼图"图标，在打开的下级列表中选择"分离型三维饼图"的图表类型，将出现图 4-46 所示的图表。

图 4-46　插入图表效果

步骤 3：编辑图表。

（1）选中图表，在"布局"选项卡的"标签"组中单击"数据标签"按钮，在打开的下级列

表中选择"其他数据标签"选项，出现"设置数据标签格式"对话框，在"标签选项"选项卡中
勾选"百分比"复选框，如图 4-47 所示，然后单击"关闭"按钮。

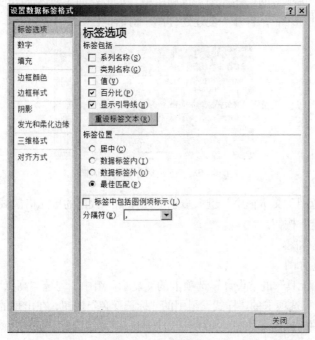

图 4-47　修改数据标签

（2）选中图表，在"布局"选项卡的"标签"组中，单击"图表标题"按钮，在打开的下级
列表中选择"图表上方"选项，在"图表标题"文本框中输入"高档汽车销售比例图"。

（3）选中图表，在"布局"选项卡的"标签"组中，单击"图例"按钮，在打开的下级列表
中选择"在底部显示图例"选项。

步骤 4：保存文件，将文件命名为"数据处理表"。

【实例 4.6】　新建一个工作簿输入如下数据，并用语文、数学、英语、计算机成绩来创建迷
你图，要求突出显示"高点"（颜色为红色）和"低点"（颜色为绿色），效果如图 4-48 所示，最
后将文件保存为"迷你图"。

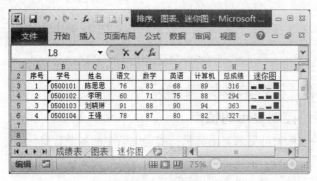

图 4-48　迷你图

操作步骤如下。

步骤 1：新建文件并输入数据。

步骤 2：创建迷你图。

（1）选择要插入迷你图的空单元格（I3:I6）。

（2）在"插入"选项卡的"迷你图"选项组中，单击要创建的迷你图的类型（如折线图、柱形图），这里单击"柱形图"，打开"创建迷你图"对话框，如图 4-49 所示。

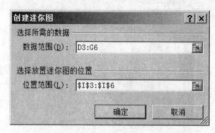

图 4-49 "创建迷你图"对话框

（3）在"数据范围"文本框中，键入显示"迷你图"数据的单元格区域（D3:G6）。

（4）单击"确定"按钮。

步骤 3：编辑迷你图。

（1）选择一个迷你图。

（2）在"迷你图工具"的"设计"选项卡的"显示"组中，勾选"高点"或"低点"复选框。

（3）单击"设计"选项卡的"样式"组中的"标记颜色"按钮，在出现的列表中选择"高点"，单击"主题颜色"中的红色，如图 4-50 所示。使用同样方式设置"低点"颜色为绿色。

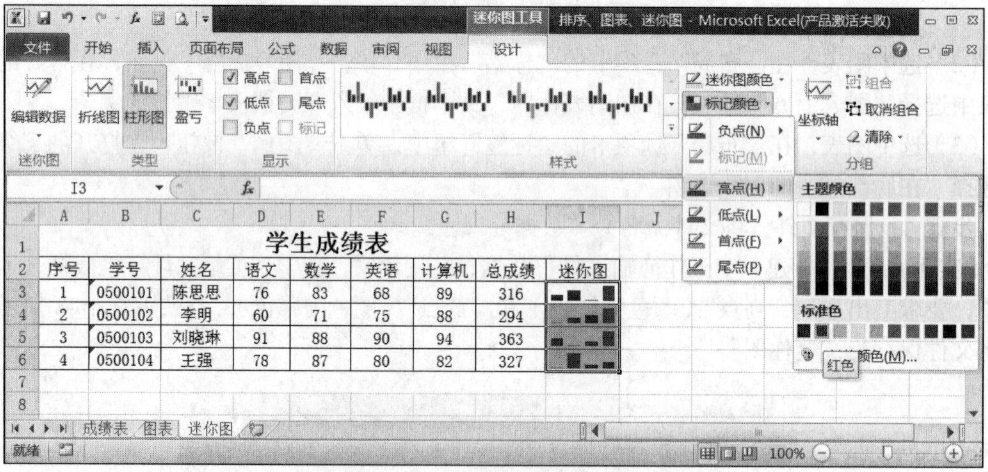

图 4-50 "标记颜色"的设置

步骤 4：保存文件，并将之命名为"迷你图"。

📖 **知识要点：控制显示的值点**

通过使所有或一些标记可见来突出显示折线迷你图中的各个数据标记（值）。

（1）选择要设置格式的一幅或多幅迷你图。

（2）在"迷你图工具"中，单击"设计"选项卡。

（3）在"显示"组中，选中"标记"复选框以显示所有数据标记（只有折线图可用）。

（4）在"显示"组中，选中"负点"复选框以显示负值。

（5）在"显示"组中，选中"高点"或"低点"复选框以显示最高值或最低值。

（6）在"显示"组中，选中"首点"或"尾点"复选框以显示第一个值或最后一个值。

📖 **知识要点：更改迷你图的样式**

（1）选择一个迷你图或一个迷你图组。

（2）若要应用预定义的样式，可在"设计"选项卡的"样式"组中单击某个样式，或单击该框右下角的"其他"按钮以选择其他样式。

（3）若要更改迷你图或其标记的颜色，可单击"迷你图颜色"或"标记颜色"，然后单击所需选项。

📖 **知识要点：删除迷你图**

（1）选择要删除的迷你图。

（2）单击"设计"选项卡的"分组"组中的"清除"按钮。

4.3.3　实训

【实训 4.4】　创建工作表"某公司上半年销售统计表"，表中内容如图 4-51 所示。

序号	姓名	性别	籍贯	分部门	1月	2月	3月	4月	5月	6月	上半年销售合计
										单位:万元	
1	欧丽琴	女	北京	产品一部	80	79	82	90	63	75	469
2	李春明	女	上海	产品二部	78	73	72	68	39	66	396
3	何晓思	女	江西	产品一部	67	70	71	71	73	56	408
4	蔡致良	男	北京	产品二部	94	95	93	96	83	82	543
5	张志朋	男	山东	产品二部	76	77	73	45	49	38	358
6	李荣华	男	江西	产品三部	84	85	81	78	102	82	512
7	胡荔红	女	天津	产品一部	70	73	69	87	73	56	428
8	黄国辉	男	广东	产品三部	81	88	84	37	86	75	451
9	张卫国	男	北京	产品一部	45	61	57	95	69	93	420
10	许剑清	女	天津	产品一部	74	77	80	37	56	68	392
11	张华敏	女	山东	产品二部	86	83	82	68	40	75	434
12	吴天枫	男	浙江	产品二部	85	90	81	81	84	81	502
13	刘天东	男	上海	产品三部	83	88	81	85	48	95	480
14	汪东林	男	江苏	产品三部	90	92	93	84	83	88	530
15	李敏惠	女	江西	产品一部	55	65	71	75	51	79	396

图 4-51　某公司上半年销售统计表

实训要求如下。

（1）根据销售数据，绘制嵌入式簇状柱形图，效果如图 4-52 所示。

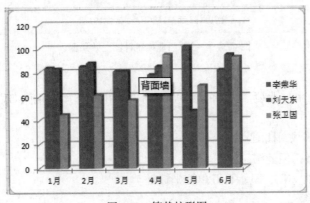

图 4-52　簇状柱形图

（2）移动数据系列的位置，将"李荣华"移到"刘天东"和"张卫国"之间。

（3）在图表中增加数据系列"胡荔红"。

（4）删除图表中的数据系列"张卫国"。

（5）在图表中显示数据系列"李荣华"的值（注：单击该职工系列后，鼠标右键单击选择添加数据标签）。

（6）将图表标题格式设为黑体、16 号。

（7）为图标增加分类 2 轴标题"月份"，数值轴标题"销售额"（单位：万元）。

（8）将图表区的图案填充效果设为"蓝白"双色，且由中心辐射。

（9）将绘制的嵌入式图表转换为独立式图表。

（10）绘制所有员工 4 月份销售额的饼图。

（11）利用每个职工 1～6 月的销售量，在 M 列创建一个折线迷你图，要求突出显示"高点"（颜色为红色）和"低点"（颜色为绿色）。

【实训 4.5】 创建工作表"天安保险 2012 年业绩统计表"，表中内容如图 4-53 所示，效果如图 4-54 所示。

图 4-53 天安保险 2012 年业绩统计表

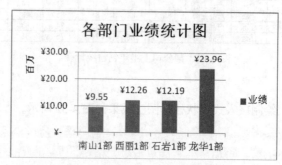

图 4-54 "各部门业绩统计图"效果图

要求如下。

（1）利用"部门"和"业绩"两列的数据，制作"南山 1 部""西丽 1 部""石岩 1 部""龙华 1 部"的业绩对比图。

（2）图表类型：簇状圆柱图。

（3）图表标题：各部门业绩统计图。

（4）主要纵坐标轴（V）：显示百万单位坐标轴。

（5）数据标签：显示。

（6）图表位置：以独立的工作表存在。

4.4　数据处理

4.4.1　实验目的

（1）掌握工作表中数据排序和数据筛选的方法。

（2）掌握合并计算、分类汇总与分级显示的方法。

（3）掌握数据有效性及下拉选择菜单的设置方法。

（4）掌握数据透视表与数据透视图的设置方法。

4.4.2　实验内容与操作步骤

【实例 4.7】　新建一个工作簿，输入如下数据，将"Sheet1"重命名为"成绩表"，把"成绩表"中的数据（A1:G6）复制到"Sheet2"中从 A1 开始的区域内，并将"Sheet2"改名为"排序"。将"排序"工作表中的数据按"总成绩"降序排序，如图 4-55 所示，将文件保存为"数据处理表"。

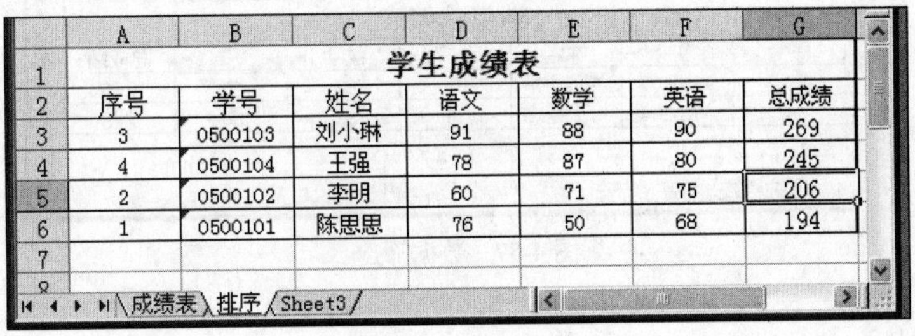

图 4-55　数据排序

操作步骤如下。

步骤 1：新建文件并输入数据，将"Sheet1"重命名为"成绩表"。

步骤 2：复制工作表中的数据。

（1）选定"成绩表"中需复制的数据区域（A1:G6）。

（2）在"开始"选项卡的"剪贴板"选项组中，单击"复制"命令按钮。

（3）单击工作表"Sheet2"，再用鼠标右键单击单元格 A1，在出现的快捷菜单中单击"粘贴选项"下的"粘贴"命令。

步骤 3：为工作表更名。

双击"Sheet2"，变黑后，输入"排序"两字，单击其他位置。

步骤 4：排序。

（1）选定"排序"工作表中需复制的数据区域（A2:G6）。

（2）在"数据"选项卡的"排序与筛选"选项组中，单击"排序"命令按钮，打开"排序"对话框，如图 4-56 所示，选中"数据包含标题"复选框，并设置主要关键字为"总成绩"、排序的次序为"降序"，单击"确定"按钮。

步骤 5：保存文件，并将之命名为"数据处理表"。

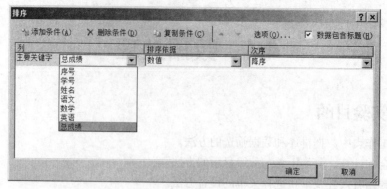

图 4-56 "排序"对话框

📖 知识要点：排序

若要对多个关键字进行排序，则单击图 4-56 "排序"对话框中的"添加条件"，然后对次要关键字进行设置；若次要关键字过多，则单击"排序"对话框中的"删除条件"。

【实例 4.8】 打开"数据处理表"文件，复制一张"成绩表"工作表，将之重命名为"筛选"。在该工作表中筛选出"英语"大于或等于 80 分的同学，如图 4-57 所示，最后保存文件。

	A	B	C	D	E	F	G
1				学生成绩表			
2	序号	学号	姓名	语文	数学	英语	总成绩
5	3	0500103	刘小琳	91	88	90	269
6	4	0500104	王强	78	87	80	245
7							

成绩表／排序／筛选／

图 4-57 数据筛选

操作步骤如下。

步骤 1： 打开"数据处理表"文件。

步骤 2： 复制工作表。

（1）右键单击"成绩表"表名，在弹出的快捷菜单中单击"移动或复制"命令，将打开"移动或复制工作表"对话框。

（2）在对话框中勾选"建立副本"复选框，在"下列选定工作表之前"下的文本框中选定"Sheet3"，单击"确定"按钮。

步骤 3： 将"成绩表（2）"工作表更名为"筛选"。

步骤 4： 进行数据筛选。

（1）选定"筛选"工作表中需筛选的数据区域（A2:G6）或单击该数据区域（A2:G6）中的任一单元格。

（2）在"数据"选项卡的"排序与筛选"选项组中，单击"筛选"命令按钮，此时在数据表中每个列名的右边都出现了一个筛选按钮，如图 4-58 所示。

注意

如果要取消已建好的自动筛选，可再次单击"筛选"命令按钮。

步骤 5： 单击"英语"右边的筛选按钮，则会出现图 4-59 所示的下拉列表。

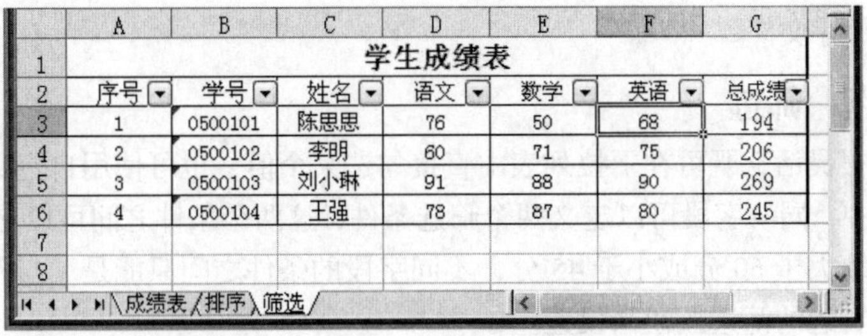

图 4-58　筛选按钮

图 4-59　筛选按钮的下拉列表

步骤 6：在此下拉列表中选择"数字筛选"级联菜单中的"大于或等于"项，打开"自定义自动筛选方式"对话框，如图 4-60 所示。

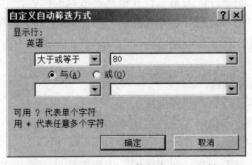

图 4-60　"自定义自动筛选方式"对话框

步骤 7：设置英语"大于或等于""80"，单击"确定"按钮，则可筛选出英语成绩大于或等于 80 分的学生，如图 4-57 所示。

步骤 8：最后保存文件。

📖 **知识要点：筛选**

定义筛选条件很灵活，既可在下拉列表中直接勾选某个值，也可使用自定义筛选设置其他条件。在自定义筛选中，同一字段可以定义两个筛选条件，这两个条件之间可以是"与"或者"或"的关系，如数学成绩大于 60 分或小于 45 分，不同字段的条件之间只能是"与"的关系，用户可分别单击这些字段右边的筛选按钮来设置。

【实例 4.9】 打开"数据处理表"文件，复制一张"成绩表"工作表，将之重命名为"高级筛选"。将"成绩"表中的数据（A1:G6）复制到工作表"高级筛选"中从单元格 A1 开始的区域内，在该工作表中筛选出语文、数学、英语三科均大于或等于 80 分的同学，如图 4-61 所示，最后保存文件。

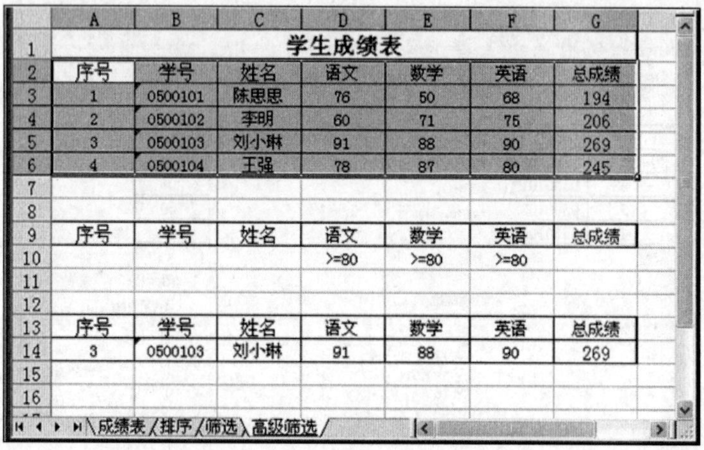

图 4-61　数据的高级筛选

操作步骤如下。

步骤 1：打开"数据处理表"文件。

步骤 2：复制"成绩表"这张工作表为"成绩表（2）"，并将之更名为"高级筛选"。

步骤 3：在条件区建立条件。

（1）确定条件区（从 A9 开始）。

（2）复制数据的标题行到条件区的第一行：框选定数据的标题行（A2:G2），单击"开始"选项卡下"剪贴板"选项组中的"复制"命令按钮，单击单元格 A9，再单击"粘贴"命令按钮。

（3）在条件区建立条件：在字段标题"语文""数学""英语"下方的单元格中输入相应的条件">=80"。

步骤 4：对数据进行高级筛选。

（1）选定数据清单区域 A2:G6（列表区域）。

（2）在"数据"选项卡的"排序与筛选"选项组中，单击"高级"命令按钮，打开"高级筛选"对话框，如图 4-62 所示。

（3）进行对话框的相关设置：在"列表区域"中指定数据清单的区域，在"条件区域"中指定条件单元格的区域，在"复制到"中指定筛选结果的数据区域，如图 4-63 所示。

（4）单击"确定"按钮，即可完成筛选，效果如图 4-61 所示。

步骤 5：最后保存文件。

图 4-62　"高级筛选"对话框　　　　　图 4-63　设置高级筛选

📖 知识要点：高级筛选

"高级筛选"在输入条件时有以下几条规定：筛选条件直接输入在工作表中，但不能与数据混在同一矩形区域里；条件与条件之间是"且"的关系，则这些条件必须输入在同一行；条件与条件之间是"或"的关系，则这些条件必须输入在不同行。若要高级筛选出"语数英"三科任一科大于或等于 80 分的同学，则"≥80"应分别输入 D10、E11、F12 这 3 个单元格中。

【实例 4.10】　新建一个空白工作簿并将之保存为"工资表"，如图 4-64 所示，用合并计算的方式分别求出不同职称的基本工资总和。

	A	B	C	D	E
1	部门	职称	基本工资	奖金	总工资
2	工程部	技术员	1200	600	1800
3	工程部	工程师	1100	550	1650
4	后勤部	技术员	1800	568	2368
5	工程部	助理工程师	1500	586	2086
6	设计室	助理工程师	1500	604	2104
7	工程部	助理工程师	1500	622	2122
8	设计室	工程师	2000	640	2640
9	工程部	工程师	2000	658	2658
10	设计室	工程师	1200	576	1776
11	工程部	工程师	1300	594	1894
12	后勤部	技术员	1000	612	1612
13	设计室	助理工程师	1250	630	1880

图 4-64　合并计算

操作步骤如下。

步骤 1：新建文件"工资表"。

步骤 2：选择一个放置统计结果的单元格（不能是合并计算数据源中的单元格），并选中这个单元格（如 H6）。

步骤 3：在"数据"选项卡的"数据工具"选项组中，单击"合并计算"命令按钮，将打开"合并计算"对话框，如图 4-65 所示。

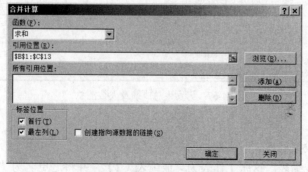

图 4-65　"合并计算"对话框

步骤 4：进行合并计算。

（1）单击"函数"下拉列表框右边的箭头，合并计算能进行求和、计数、平均值、最大值、最小值、乘积等统计，默认的是求和，本例中是求和，所以不作改动。

（2）在"引用位置"下方输入"$B$1:$C$13"，单击右侧"添加"按钮，该地址就被添加到"所有引用位置"下方的空白框内。

（3）勾选"标签位置"区域的"首行"和"最左列"复选框，单击"确定"按钮。

（4）不同职称基本工资总和的统计结果放置在 H6:I9 区域内，在 H6 单元格内添上"职称"字段即可，效果如图 4-66 所示。

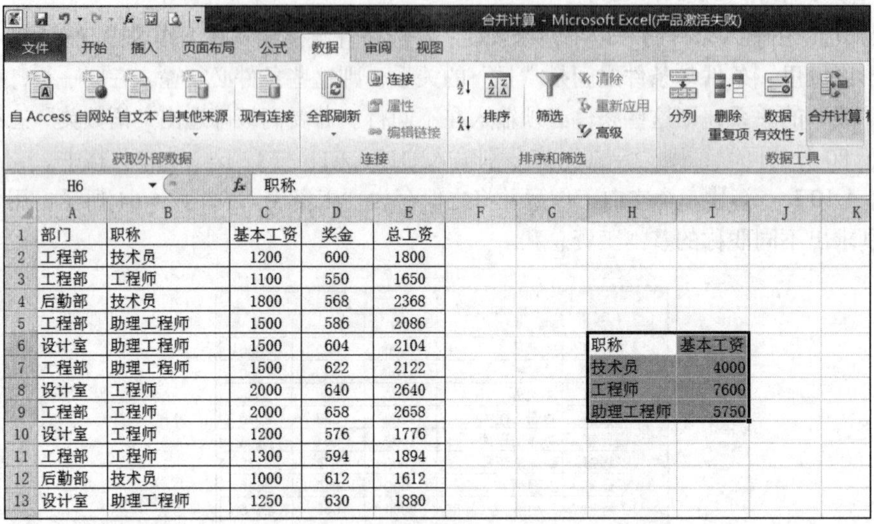

图 4-66　合并计算后的效果图

步骤 5：保存文件。

【实例 4.11】　打开"数据处理表"文件，复制一张"成绩表"工作表，将之重命名为"分类汇总"，插入一列"性别"。在"分类汇总"工作表中按"性别"分别汇总出男生和女生的总成绩，然后在原有分类汇总的基础上，再汇总出男生和女生的人数，效果如图 4-67 所示，最后保存文件。

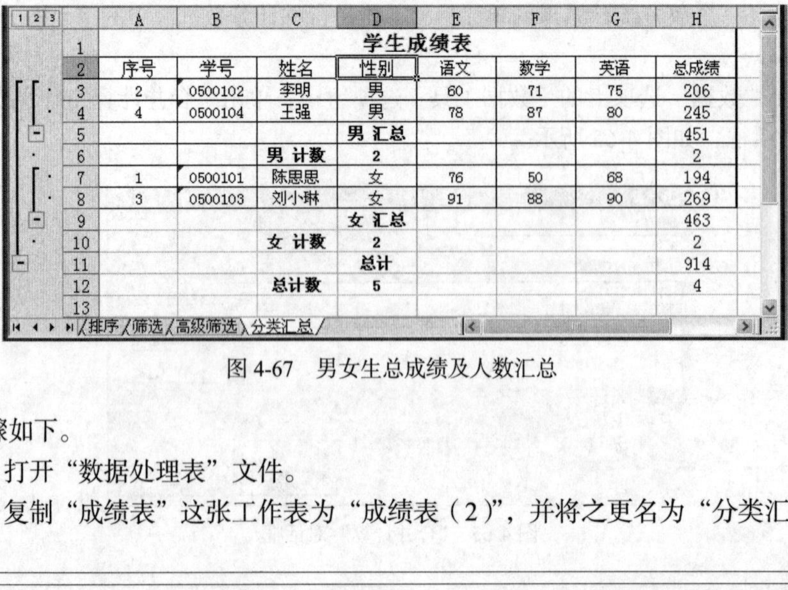

图 4-67　男女生总成绩及人数汇总

操作步骤如下。

步骤 1：打开"数据处理表"文件。

步骤 2：复制"成绩表"这张工作表为"成绩表（2）"，并将之更名为"分类汇总"。

步骤 3：按分类字段（性别）进行升序排序。

（1）单击字段"性别"下的任一单元格（D3:D6）。

（2）在"数据"选项卡的"排序与筛选"选项组中，单击"排序"命令按钮，选择主关键字为"性别""升序"，单击"确定"按钮。

步骤 4：汇总男女生总成绩。

（1）单击数据区域（A2:H6）中的任一单元格。

（2）在"数据"选项卡的"分级显示"选项组中，单击"分类汇总"命令按钮，出现"分类汇总"对话框，如图 4-68 所示。

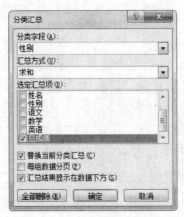

图 4-68 "分类汇总"对话框

（3）进行对话框的相关设置：设置分类字段为"性别"（分类字段只能是排序字段）、汇总方式为"求和"、选定汇总项为"总成绩"，单击"确定"按钮，则可完成男女生总成绩的汇总，如图 4-67 所示。

步骤 5：汇总男女生人数。

（1）选定数据区域（A2:H8）。

（2）在"数据"选项卡的"分级显示"选项组中，单击"分类汇总"命令按钮，在打开的"分类汇总"对话框中进行图 4-69 所示的设置。

图 4-69 设置分类汇总

（3）单击"确定"按钮，则可完成男女生人数的汇总，如图 4-67 所示。

步骤 6：保存文件。

📖 **知识要点：删除分类汇总**

在"数据"选项卡的"分级显示"选项组中，单击"分类汇总"命令按钮，在打开的"分类汇总"对话框中，单击"全部删除"按钮即可删除分类汇总。

【实例 4.12】 新建"数据分级表"文件，如图 4-70 所示。在"Sheet1"中输入原始数据，将"Sheet1"重命名为"原始数据"，复制一张"原始数据"工作表，将之重命名为"数据分级"。在"数据分级"表中按部门建立一级分级显示，按职称建立二级分级显示，最后保存文件。

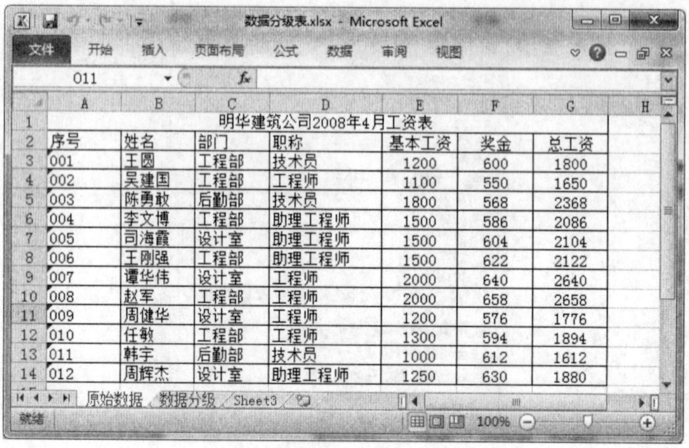

图 4-70　建立分级显示原始数据图

操作步骤如下。

步骤 1：新建"数据分级表"文件。

步骤 2：在"Sheet1"中录入图 4-70 所示的数据，并将之重命名为"原始数据"表，复制该表，重命名为"数据分级"表。

步骤 3：建立分级显示。

（1）在"数据分级"表中按一级分级显示的字段"部门"作为主要关键字，按二级分级显示的字段"职称"作为次要关键字进行排序。

（2）在不同部门之间插入一个空行，并输入相应部门，如图 4-71 所示。

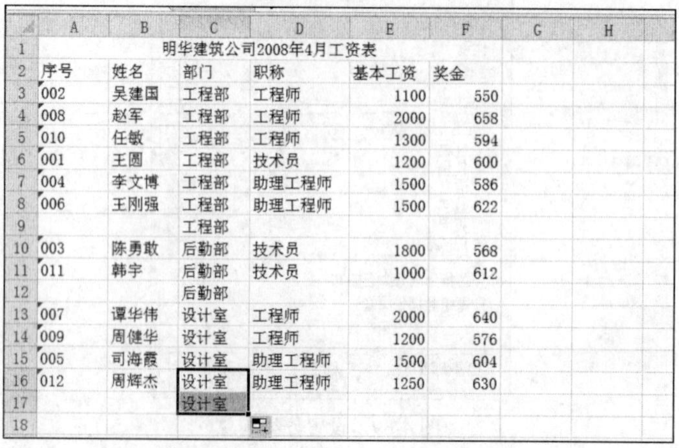

图 4-71　排序及插入行后的效果图

（3）选定数据区域"A2:F8"，在"数据"选项卡的"分级显示"选项组中，单击"创建组"按钮下的"创建组"命令，将打开"创建组"对话框，如图 4-72 所示，选择"行"单选选项，单击"确定"按钮。

图 4-72　"创建组"对话框

（4）同理，选定数据区域"A10:F11"创建组、选定数据区域"A13:F16"创建组，这样就建立了一级分级显示。

（5）在不同职称之间插入一个空行，并输入相应职称，如图 4-73 所示。

1 2		A	B	C	D	E	F	G
	1	明华建筑公司2008年4月工资表						
	2	序号	姓名	部门	职称	基本工资	奖金	
	3	002	吴建国	工程部	工程师	1100	550	
	4	008	赵军	工程部	工程师	2000	658	
	5	010	任敏	工程部	工程师	1300	594	
	6				工程师			
	7	001	王圆	工程部	技术员	1200	600	
	8				技术员			
	9	004	李文博	工程部	助理工程师	1500	586	
	10	006	王刚强	工程部	助理工程师	1500	622	
	11				助理工程师			
	12			工程部				
	13	003	陈勇敢	后勤部	技术员	1800	568	
	14	011	韩宇	后勤部	技术员	1000	612	
	15			后勤部				
	16	007	谭华伟	设计室	工程师	2000	640	
	17	009	周健华	设计室	工程师	1200	576	
	18				工程师			
	19	005	司海霞	设计室	助理工程师	1500	604	
	20	012	周辉杰	设计室	助理工程师	1250	630	
	21				助理工程师			
	22			设计室				

图 4-73　建立二级分级显示过程图

（6）同理，分别选定数据区域"A2:F5""A7:F7""A9:F10""A16:F17""A19:F20"创建组，这样就建立了二级分级显示，如图 4-74 所示。

1 2 3		A	B	C	D	E	F	G
	1	明华建筑公司2008年4月工资表						
	2	序号	姓名	部门	职称	基本工资	奖金	
	3	002	吴建国	工程部	工程师	1100	550	
	4	008	赵军	工程部	工程师	2000	658	
	5	010	任敏	工程部	工程师	1300	594	
	6				工程师			
	7	001	王圆	工程部	技术员	1200	600	
	8				技术员			
	9	004	李文博	工程部	助理工程师	1500	586	
	10	006	王刚强	工程部	助理工程师	1500	622	
	11				助理工程师			
	12			工程部				
	13	003	陈勇敢	后勤部	技术员	1800	568	
	14	011	韩宇	后勤部	技术员	1000	612	
	15			后勤部				
	16	007	谭华伟	设计室	工程师	2000	640	
	17	009	周健华	设计室	工程师	1200	576	
	18				工程师			
	19	005	司海霞	设计室	助理工程师	1500	604	
	20	012	周辉杰	设计室	助理工程师	1250	630	
	21				助理工程师			
	22			设计室				

图 4-74　分级显示效果图

步骤 4：保存文件。

📖 知识要点：显示或隐藏分级显示的数据

如果没有显示分级显示符号 1 2 3 、➕ 和 ➖，可依次单击"文件"菜单下的"选项"命令，在打开的"选项"对话框中单击"高级"类别，然后在"此工作表的显示选项"部分下选择工作表，然后再选中"如果应用了分级显示，则显示分级显示符号"复选框；若不选中"如果应用了分级显示，则显示分级显示符号"复选框，则会隐藏分级显示符号。

单击该组的 ➕ 图标，可显示组中的明细数据，单击该组的 ➖ 图标，可隐藏组中的明细数据。

在 1 2 3 分级显示符号中，单击所需的级别编号，处于较低级别的明细数据将变为隐藏状态。

📖 知识要点：删除分级显示

（1）单击工作表。

（2）在"数据"选项卡的"分级显示"选项组中，单击"取消组合"旁边的箭头，然后单击"清除分级显示"。

【实例 4.13】 打开"数据分级表"文件，复制"原始数据"表，并将之重命名为"数据有效性"表。删除"数据有效性"表中"A3:A14"以及"C3:C14"的数据，用下拉菜单选择的方式重新输入每个职工的部门；设置"A3:A14"单元格的数据有效性为"文本长度"，长度等于零，用自动填充填写"序号"列，增加两个字段"毕业时间"和"工作时间"（设置为日期型），工作时间大于或等于毕业时间；全部奖金设置为整数或小数，且为 500～1000，最后保存文件。

操作步骤如下。

步骤 1：打开"数据分级表"文件。

步骤 2：复制"原始数据"表，将之重命名为"数据有效性"表，选定"A3:A14"以及"C3:C14"区域的数据，单击 Del 键。

步骤 3：设置下拉菜单。

（1）在数据区域外的单元格 K3 中输入"工程部"，K4 中输入"后勤部"，K5 中输入"设计室"。

（2）选定 C 列，在"数据"选项卡的"数据工具"选项组中，单击"数据有效性"按钮，将打开"数据有效性"对话框。

（3）设置有效性条件的"允许"为"序列"，在"来源"下方的文本框中输入"=$K$3:$K$5"，如图 4-75 所示，单击"确定"按钮。

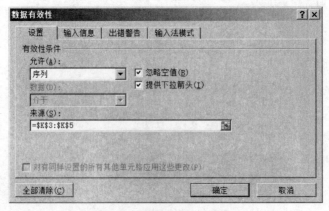

图 4-75 "数据有效性"设置 1

（4）部门下面的单元格后面就会自动出现一个下拉提示符，单击即可实现下拉选择。

步骤 4：设置"A3:A14"单元格的数据有效性。

（1）选定数据区域"A3:A14"。

（2）在"数据"选项卡的"数据工具"选项组中，单击"数据有效性"按钮，将打开"数据有效性"对话框。

（3）设置有效性条件的"允许"为"文本长度"，"数据"为"等于"，"长度"为"3"，如图4-76 所示，单击"确定"按钮。

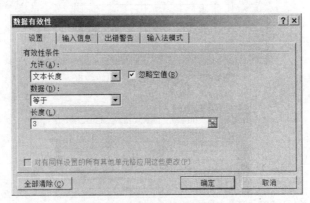

图 4-76　"数据有效性"设置 2

（4）单击 A3，输入"'001"，按回车键，再单击 A3，将鼠标移到填充柄上，向垂直方向拖动至 A14 即可。

步骤 5：设置"日期类型"的数据有效性。

（1）选定 H3 单元格，单击"数据"选项卡中"数据工具"选项组中的"数据有效性"命令，在弹出的"数据有效性"对话框中，设置"允许"（即数据类型）为"日期"，"数据"为"大于或等于"，"开始日期"为"=G3"，然后单击"确定"按钮即可完成设置。

（2）将鼠标移到填充柄上，向垂直方向拖动鼠标至 H14，即可将 H3 的有效性设置复制到 H4:H14。复制有效性设置后，H4 有效性设置中的"开始日期"会自动变成"=G4"，依此类推。

步骤 6：选定数据区域"F3:F14"，在"数据有效性"对话框中将有效性条件下的"允许"设置为"整数"（或小数），"数据"设置为"介于"，"最小值"设置为"500"，"最大值"设置为"1000"，单击"确定"按钮。

步骤 7：保存文件。

📖 知识要点：有效性设置

（1）在"数据有效性"对话框中选择不同的"允许"（数据类型），对话框中的内容会有所变化。

（2）有效性设置完成后，在单元格中输入数据，若输入的数据不符合有效性设置，系统将会弹出错误提示框，要求用户重新输入或取消输入。

（3）要想取消有效性的设置，可先选定设置了数据有效性的单元格，在"数据有效性"对话框中单击"全部清除"按钮，再单击"确定"按钮即可。

【**实例 4.14**】　新建一个工作簿，输入如下数据，如图 4-77 所示，将"Sheet1"重命名为"数据透视"，用"数据透视表"的方式汇总不同品牌所销售电器的总量，效果如图 4-78 所示，将文件保存为"数据透视表"。

图 4-77 "数据透视表"原始数据

求和项:销售量	列标签				
行标签	电冰箱	电视机	空调	洗衣机	总计
TCL		22			22
澳柯玛	24				24
海尔	5				5
康佳		4			4
美的			32		32
荣事达				24	24
松下				16	16
西门子	34			2	36
小天鹅				8	8
伊莱克斯			2		2
长虹		14	25		39
总计	63	40	59	50	212

图 4-78 "数据透视表"效果图

操作步骤如下。

步骤 1: 新建文件并输入数据,将"Sheet1"重命名为"数据透视"表。

步骤 2: 创建数据透视表。

(1)单击"插入"选项卡中"表格"选项组中的"数据透视表"命令,将弹出图 4-79 所示的对话框,选择被分析数据的存放位置和透视结果的存放位置。

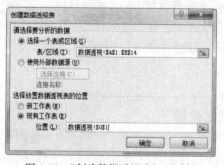

图 4-79 "创建数据透视表"对话框

(2)单击"确定"按钮后,出现图 4-80 所示的选择字段列表对话框,其作用就是定义分类字段和汇总项。将"品牌"字段拖入下面"行标签"栏,将"商品名称"字段拖入"列标签"栏,(即在行上以"品牌"为分类字段,在列上以"商品名称"为分类字段),然后将"销售量"字段拖入"数值"栏(即以"销售量"作为汇总项)。最后会得到图 4-81 所示的透视结果,该透视表既统计了各类商品的销售量(最后一行),又统计了不同品牌的销售量(最后一列),这是"分类汇总"功能所不能实现。

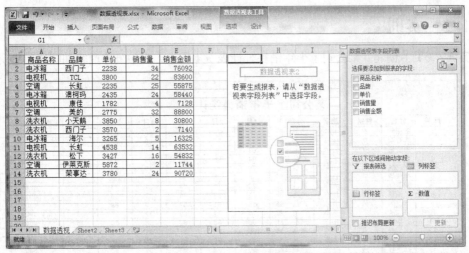

图 4-80 选择字段列表对话框

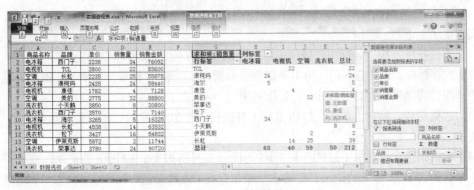

图 4-81 透视结果

步骤 3：保存文件。

📖 **知识要点：数据透视**

（1）数据透视前不需要对表进行排序。

（2）数据透视图与数据透视表的功能和操作几乎完全一样，只是数据透视图会增加一个图表来显示统计结果，如图 4-82 所示。

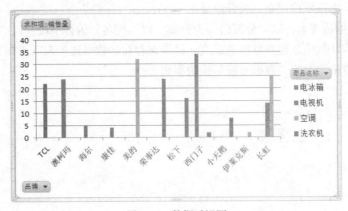

图 4-82 数据透视图

4.4.3 实训

【实训 4.6】 创建“某公司上半年销售统计表”工作表，表中具体内容如图 4-83 所示。

	A	B	C	D	E	F	G	H	I	J	K	L
1	某公司上半年销售统计											单位：万元
2	序号	姓名	性别	籍贯	分部门	1月	2月	3月	4月	5月	6月	上半年销售合计
3	1	欧丽琴	女	北京	产品一部	80	79	82	90	63	75	469
4	2	李春明	女	上海	产品二部	78	73	72	68	39	66	396
5	3	何晓思	女	江西	产品一部	67	70	71	71	73	56	408
6	4	蔡致良	男	北京	产品二部	94	95	93	96	83	82	543
7	5	张志朋	男	山东	产品二部	76	77	73	45	49	38	358
8	6	李莱华	男	江西	产品三部	84	85	81	78	102	82	512
9	7	胡荔红	女	天津	产品一部	70	73	69	87	73	56	428
10	8	黄国辉	男	广东	产品三部	81	88	84	37	86	75	451
11	9	张卫国	男	北京	产品一部	45	61	57	95	69	93	420
12	10	许剑清	女	天津	产品一部	74	77	80	37	56	68	392
13	11	张华敏	女	山东	产品二部	86	83	82	68	40	75	434
14	12	吴天枫	男	浙江	产品二部	85	90	81	81	84	81	502
15	13	刘天东	男	上海	产品三部	83	88	81	85	48	95	480
16	14	汪东林	男	江苏	产品三部	90	92	93	84	83	88	530
17	15	李敏惠	女	江西	产品一部	55	65	71	75	51	79	396

图 4-83 某公司上半年销售统计表

实训要求如下。

（1）数据排序：按“分部门”降序排序，将结果保存到“排序 1”工作表中。

（2）数据排序：以“分部门”为主关键字，分别以“性别”“籍贯”为第二、第三关键字按递增方式排序，将结果保存到“排序 2”工作表中。

（3）数据筛选：筛选出“张”姓职工且 1 月销售大于 70 万元的记录，将结果保存到“筛选”工作表中。

（4）数据筛选：筛选出 1 月销售大于 85 万元且 2 月销售大于 80 万元的记录，或者筛选出女生且 1 月销售大于 85 万元的记录，将筛选结果保存在“高级筛选”工作表中（注：and 条件写在同一行上，OR 条件写在不同行）。

（5）分类汇总：以“性别”为分类字段，将“1 月”“3 月”“5 月”的销售金额进行求平均值分类汇总，将结果保存到“分类汇总”工作表中。

（6）用下拉菜单选择的方式重新输入每个职工的性别。

（7）将 1 月份的数据设置为整数，且介于 10～100。

（8）用合并计算的方式分别求出不同部门的 1 月份销售金额总和。

（9）复制“Sheet1”工作表的内容到“Sheet2”工作表中，在“Sheet2”工作表中，按分部门建立一级分级显示，按职称建立二级分级显示。

（10）建立数据透视表：以“分部门”为分页，以“姓名”为行字段，以“性别”为列字段，以“1 月”销售为计数项，建立数据透视表，结果保存在“数据透视表”工作表中（注：用“插入”选项卡中“表格”组的“数据透视”按钮实现）。

第5章
演示文稿处理

5.1 创建演示文稿

PowerPoint（简称 PPT）是 Microsoft Office 办公套装软件中的一个组件，专门用于设计、制作信息展示等领域（如演讲、做报告、产品演示、商业演示等）的各种电子演示文稿。

PowerPoint 的基本操作包括 PPT 的建立，各种图形、图片的插入，各种视图的切换，各视图模式下调整幻灯片的顺序，删除和复制幻灯片等操作。

PPT 的操作对象是演示文稿，其中包含若干张幻灯片。每张幻灯片由若干个文本、表格、图片、组织结构及多媒体等多种对象组合而成。

一般来说，演示文稿的处理都要遵循图 5-1 所示的操作流程。

图 5-1 演示文稿的操作流程

5.1.1 实验目的

（1）了解演示文稿操作的基本流程。

（2）掌握演示文稿创建的基本知识。

（3）熟练掌握演示文稿视图的使用方法。

（4）熟练掌握幻灯片的制作、插入和删除方法。

5.1.2 实验内容与操作步骤

【实例 5.1】 利用"样本模板"创建名为"印象交大.pptx"的演示文稿，如图 5-2 所示。

为了方便演示文稿的打开和防止以后演示文稿的丢失，先将演示文稿进行更名保存。

首先，在 D 盘新建一个文件夹（取名为：专业班级+姓名+学号后两位，如土木类 1 班张三 01）。操作步骤如下。

步骤 1：启动 PowerPoint，选择"文件"→"新建"命令，打开"可用的模板和主题"窗格。

步骤 2：单击窗口左上角快速访问工具栏中的"保存"按钮 ，或者单击"文件"选项卡的"保存"或"另存为"选项，此时会打开一个"另存为"对话框，将文件保存在新建的文件夹"土木类 1 班张三 01"中，在"文件名"文本框中输入"印象交大"，单击"保存"按钮即新建了一个名为"印象交大"的演示文稿，如图 5-3 所示。

图 5-2　"印象交大"效果图

图 5-3　保存"印象交大"演示文稿

📖 知识要点：PowerPoint 的窗口组成

PowerPoint 的主界面窗口中包含标题栏、菜单栏、工具栏、状态栏以及演示文稿窗口。演示文稿窗口位于 PowerPoint 主界面之内，刚打开时处于最大百分比状态，几乎占满了整个 PowerPoint 窗口，如图 5-4 所示。

图 5-4　PowerPoint 演示文稿的工作界面

1．视图窗格

视图窗格位于幻灯片编辑区的左侧，包含"大纲"和"幻灯片"两个选项卡，用于显示演示文稿中的幻灯片数量及位置。

2．幻灯片编辑区

PowerPoint 窗口中间的白色区域为幻灯片编辑区，该部分是演示文稿的核心部分，主要用于显示和编辑当前幻灯片。

3．占位符

在幻灯片中常见的"单击此处添加标题"等文本框统称为占位符，单击此处可以输入文本。

4．备注窗格

在备注窗格中可以为幻灯片输入说明和注释内容的提示信息（比如幻灯片的内容摘要等），这些信息在全屏播放时不会显示出来。

5．视图切换按钮

视图切换按钮位于 PowerPoint 窗口的右下角，从左到右依次排列的 4 个按钮分别对应着普通视图、幻灯片浏览视图、幻灯片阅读、幻灯片放映，单击不同的按钮，可以实现视图切换和幻灯片放映。

📖 知识要点：幻灯片的各种视图

为了便于演示文稿的编排，PowerPoint 根据不同需要为用户提供了不同的视图模式。

1．普通视图

它是系统默认的视图模式，由以下三部分构成。

（1）大纲栏：主要用于显示、编辑演示文稿的文本大纲，其中列出了演示文稿中每张幻灯片的页码、主题以及相应的要点。

（2）幻灯片栏：主要用于显示、编辑演示文稿中幻灯片的详细内容。

（3）备注栏：主要用于为对应的幻灯片添加提示信息，对使用者起备忘、提示作用（在实际播放演示文稿时不显示备注栏中的信息）。

2．大纲视图

主要用于查看、编排演示文稿的大纲。和普通视图相比，其大纲栏和备注栏被扩展，而幻灯片栏被压缩。

3．幻灯片视图

主要用于对演示文稿中每一张幻灯片的内容进行详细的编辑。此时大纲栏仅显示幻灯片号，备注栏被隐藏，幻灯片栏被扩大。

4．幻灯片浏览视图

以最小化的形式显示演示文稿中的所有幻灯片，在这种视图下可以进行幻灯片顺序的调整、幻灯片动画设计、幻灯片放映设置和幻灯片切换设置等。

在幻灯片浏览视图中，可以在屏幕上同时看到演示文稿中的所有幻灯片，这些幻灯片是以缩略图形式显示的，它们整齐地排列在幻灯片浏览窗口中。在幻灯片浏览视图中，可以进行以下的操作。

（1）选定幻灯片：用鼠标单击某一张幻灯片，即可选择一张幻灯片；按住 Ctrl 键再单击要选择的幻灯片，即可选择多张幻灯片；按 Ctrl + A 组合键即可选中所有幻灯片。

（2）插入幻灯片：将鼠标指针插入某张幻灯片后，单击"开始"菜单中的"新建幻灯片"命令，即可在鼠标指针位置插入新建的一张空幻灯片，该幻灯片的版式可选、编号顺延。

（3）删除幻灯片：选定一张幻灯片，按 Delete 键。

（4）移动幻灯片：先选中一张幻灯片，再拖动鼠标指针到需要移动的位置，或用"开始"菜单中的"剪切"和"粘贴"功能，即可移动幻灯片。

（5）复制幻灯片副本：先选中一张幻灯片，按 Ctrl + D 组合键或用"开始"菜单中"复制"和"粘贴"功能，即可复制一张幻灯片。

5. 幻灯片放映视图

用于查看设计好的演示文稿的放映效果以及放映演示文稿。

步骤 3：在"主页"栏中，找到"样本模板"，如图 5-5 所示，单击后在出现的界面中选择用户需要或喜欢的模板，如"现代型相册"模板，如图 5-6 所示。

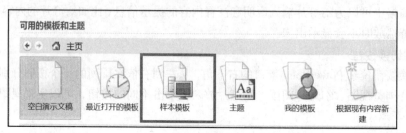

图 5-5　新建演示文稿

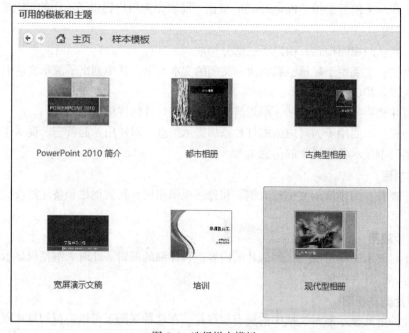

图 5-6　选择样本模板

📖 知识要点：PowerPoint 模板

PowerPoint 模板是 PPT 的骨架性组成部分。传统的 PPT 模板内含封面、内页两个页面，供用户添加 PPT 内容。近年来国内外专业 PPT 设计公司对 PPT 模板进行了提升和发展，现在的 PPT 模板常会内含封面、目录、内页、封底、片尾动画等页面，使 PPT 文稿更美观、清晰、动人。

一套好的 PPT 模板可以让一篇 PPT 文稿的形象迅速提升，大大增加可观赏性。同时 PPT 模板可以让文稿思路更清晰、逻辑更严谨，更方便处理图表、文字、图片等内容。PPT 模板分为动态模板和静态模板。动态模板是通过设置动作和各种动画展示达到表达思想同步的一种时尚式模板。

同时，现在很多新的 PPT 模板更是加载了很多设计模块，方便使用者快速地制作 PPT，极大地提高了效率、节约了时间。

步骤 4：选好现代型相册模板后，单击"创建"按钮，如图 5-7 所示，则可生成一个以现代型相册为模板的演示文稿，如图 5-8 所示。

图 5-7　利用现代型相册创建演示文稿

图 5-8　"印象交大"演示文稿初样

（1）选择第 1 张幻灯片，单击"现代型相册"文本占位符，修改文本为"印象交大"；再单击"单击此处添加日期或详细信息"占位符，输入"明德行远，交通天下"的校训；最后使用鼠标右键单击向日葵图片，在快捷菜单中选择"更改图片"命令，弹出"插入图片"对话框，选择准备好的图片插入，完成第一张幻灯片修改。效果如图 5-9 所示。

（2）选择第 2～6 张幻灯片，进行相关内容的修改，分别完成"印象交大"演示文稿的流金岁月、核心理念以及校徽释义等内容，最终效果如图 5-10 所示。

图 5-9 "印象交大"第一张幻灯片效果图

图 5-10 "印象交大"最终效果图

步骤 5：单击窗口左上角快速访问工具栏中的"保存"按钮，保存演示文稿。

📖 知识要点：模板使用

选择了"现代型相册"，在该模板下每一页都有一些文字内容提示，如果不知道如何操作，还可以单击提示，操作位置会根据提示以黄色高亮显示。通过这个案例不难发现，PowerPoint 使用起来非常简便快捷，样本模板资源丰富。

特别提醒

保存工作可以在制作过程中随时进行，用户要养成随时保存的良好习惯。

【实例 5.2】 通过"设计"菜单创建一个名为"醉美交大"的演示文稿，效果图如图 5-11 所示。

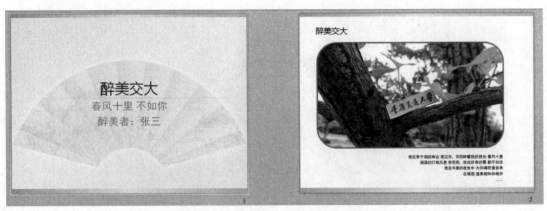

图 5-11　"醉美交大"演示文稿效果图

操作步骤如下。

步骤 1：启动 PowerPoint，在空白演示文稿界面中单击"设计"菜单，工具栏中会显示不同的主题，将鼠标光标移动到每个主题上并停留两秒钟，可显示该主题界面，用户可根据需求单击选中任意主题，如"暗香扑面"，如图 5-12 所示。

图 5-12　从"设计"中选取主题

为了方便演示文稿的打开和防止以后演示文稿的丢失，先将演示文稿进行更名保存。

单击窗口左上角快速访问工具栏中的"保存"按钮，或者单击"文件"选项卡中的"保存"或"另存为"选项，可打开一个"另存为"对话框，在之前建立的文件夹（如土木类 1 班张三 01）中保存名为"醉美交大"的演示文稿。

📖 知识要点：PowerPoint 主题

若要使演示文稿具有高质量的外观（该外观包含一个或多个与主题颜色、匹配背景、主题字体和主题效果相协调的版式），就需要应用一个主题。主题还可以应用于幻灯片的表格、SmartArt图形、形状或图表。

在 PowerPoint 2010 中，有几个内置的主题，用户在应用主题前可以先进行实时预览。只需将指针停留在主题库的缩略图上即可看到与其他主题相比演示文稿究竟有哪些变化。

步骤 2：在"单击此处添加标题"占位符中输入题目，如"醉美交大"，在"单击此处添加副标题"占位符中，根据需要输入副标题"春风十里 不如你"及主讲人姓名"醉美者：张三"。如图 5-13 所示。

图 5-13　添加主标题和副标题

📖 知识要点：占位符

在新创建的幻灯片中有两个虚线框，这些框在 PowerPoint 中被称为占位符。占位符就是一个虚框，先占着一个固定的位置，等着用户再往里面添加内容。使用占位符的好处是更换主题时能跟着主题的变化而变化，并且可以统一各幻灯片的格式。

PPT 有 5 种类型的占位符，分别是标题占位符（可以往里面添加标题文字）、内容占位符（可以添加文字、表格、图片、剪贴画等）、数字占位符、日期占位符和页脚占位符。用户既可在幻灯片中对占位符进行设置，还可在母版中进行如格式、显示和隐藏等的设置。

步骤 3：单击"开始"菜单中"新建幻灯片"命令右侧的下拉小三角，选择需要的幻灯片版式，如选择"图片与标题"，新建一张幻灯片，效果如图 5-14 所示。

步骤 4：新创建的"图片与标题"幻灯片上有 3 个占位符。在标题占位符中输入"醉美交大"；在文本占位符中输入"醉美交大"的小诗句"我在李子湖的岸边 遇见你，你回眸看我的目光 春风十里；湖滨的灯微风里 杏花雨，我说所有的景 都不如你；我在书香的夜色中 为你唱花香自来，在德园 温柔相知和相许"；在图片占位符中单击图标添加需要的图片，选择合适的图片后单击"插入"命令即可。最后在幻灯片中调整图片的大小及位置。效果如图 5-15 所示。

步骤 5：单击窗口左上角快速访问工具栏上的"保存"按钮，保存演示文稿。这样就建立了有两张幻灯片的演示文稿。

图 5-14 新建"图片与标题"版式幻灯片

图 5-15 添加内容后的效果

📖 知识要点：幻灯片的常用操作

在普通视图下对演示文稿"醉美交大.pptx"进行常用操作设置并放映。

（1）调整窗格尺寸：将鼠标指针指向窗格分界线，当鼠标指针变为双向箭头时，拖动窗格分界线即可调整窗格大小。

（2）折叠和展开幻灯片：在大纲窗格中，将鼠标指针指向幻灯片页标志前面的页号，双击鼠标，可折叠幻灯片，再次双击鼠标，可展开幻灯片。

（3）增加幻灯片：如需在第二张幻灯片后增加一张幻灯片，可先在大纲窗格中双击第二张幻灯片使其折叠，再将光标插入"在德园 温柔相知和相许……"后，按回车键，即在第二张幻灯片后增加一张空幻灯片，新增的幻灯片编号为 3。

（4）删除幻灯片：在大纲窗格中，选中第三张新增的幻灯片，按 Del 键即可删除该幻灯片。

（5）移动幻灯片：在大纲窗格中，选中第二幻灯片，按鼠标左键，将它移动到第一张幻灯片前，松开鼠标，它就成为第一张幻灯片。同样，按鼠标左键，将其移至第二张幻灯片后，松开鼠标，它又成为第二张幻灯片。

（6）单击"视图"菜单下的"阅读视图"命令或在"幻灯片放映"菜单下选择"从头开始放映"或按键盘上的 F5 键，即可放映幻灯片。

（7）放映结束后或在播放过程中需要停止时，按 Esc 键或单击鼠标右键选择"结束放映"命令，退出播放状态。

5.1.3　实训

【实训 5.1】　简单演示文稿的制作（一）。

制作一个"人文交大"演示文稿，效果图如图 5-16 所示。

图 5-16　"人文交大"效果图 1

实训目标：通过实训训练，能熟练利用前面阐述的方法，快速建立一个采用 PowerPoint 设计的演示文稿。

实训要求如下。

（1）创建一个"人文交大"演示文稿，如图 5-16 所示。

（2）配合主题，选择一个相应风格的模板。

（3）设置第二张幻灯片为"内容与标题"版式，在此可以做一些文字内容的描述，比如你对"人文交大"的理解是什么。

（4）设置第三张幻灯片的版式为"图片与标题"，在此可以放入贴近主题的图片，以便能更好地体现主题，如插一张相关的图片，并进行文字描述。

（5）在第三张幻灯片后插入两张空白幻灯片，版式可任选。

（6）交换第四张和第五张幻灯片的位置。

（7）将新插入的最后两张幻灯片删除。

（8）保存所做的操作，以便后续使用。

（9）放映该演示文稿。

5.2　编辑演示文稿

演示文稿是由一系列组织在一起的幻灯片组成，每张幻灯片都可以有独立的标题、说明文字、图片、声音、图像、表格、艺术字和组织结构图等元素。用"设计模板和主题"创建的演示文稿中只有一些提示性的文字，只有在输入文本或插入图形和图表后才能创建出完整的演示文稿。

5.2.1　实验目的

（1）掌握文字的编排以及图片和图表的插入方法。

（2）掌握插入多媒体对象的方法。

（3）掌握建立超链接的方法。

5.2.2　实验内容与操作步骤

【实例 5.3】　制作一个完整版的"醉美交大"演示文稿，效果图如图 5-17 所示。

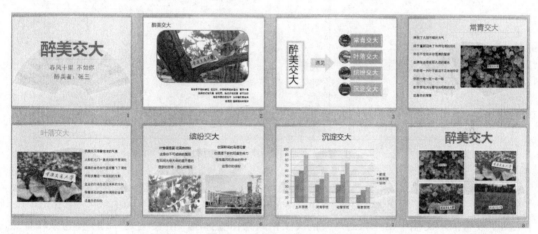

图 5-17　完整版"醉美交大"演示文稿效果图

操作步骤如下。

步骤 1：打开实例 5.2 中制作的"醉美交大"演示文稿，在其中插入文本框。

（1）选择第二张幻灯片为当前幻灯片，插入一张新幻灯片，版式为"空白幻灯片"。

（2）在空白幻灯片的适当位置利用"开始"菜单下"绘图"功能组中的插入文本框，根据需要添加垂直文本框，如图 5-18 所示，插入文字"醉美交大"，如图 5-19 所示。

图 5-18　插入垂直文本框

图 5-19　在文本框中插入文字

（3）选定这个文本框，在"绘图"功能组中找到形状轮廓，将所选中的文本框的边框改为2.25磅、圆点虚线、紫色；选中形状效果，将边缘设为"发光变体"，蓝-灰，11pt 发光，强调文字颜色5；同时改变其文字字号为60，字体为微软雅黑。

（4）添加一个类型为"右箭头"的自选图形。在空白幻灯片的适当位置插入"右箭头"图形，并调整其大小，用形状填充将其颜色改为黄色、无轮廓。

（5）在"右箭头"中插入文本。选定自选图形"右箭头"，单击鼠标右键，在弹出的快捷菜单中选择"编辑文字"选项，自选图形内将出现插入点光标，键入文字内容，如"遇见"，自选图形变成图形文本框。效果如图 5-20 所示。

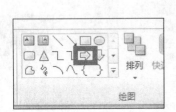

图 5-20　添加右箭头后的幻灯片效果

（6）保存文件。

步骤 2：设置"醉美交大"中文字和段落的格式。

（1）设置演示文稿中第一张幻灯片的文字格式为：主标题"醉美交大"的字体为微软雅黑，字号为96，文字加粗，带阴影，颜色为绿色。

上述这些要求可以在"开始"菜单中的"字体"选项组中完成全部设置。按上述方式设置副标题的字体为黑体，字号为36，带阴影，颜色为黑色，淡色50%。

（2）设置演示文稿中第二张幻灯片的文字格式为：文本区的段落右对齐，行距1.5 倍间距，段前间距1磅。

在打开的演示文稿中，选中第二张幻灯片文本框中的内容，通过"开始"菜单中的"段落"选项组更改其对齐方式为左对齐；单击"段落"右下角的小三角，打开图 5-21 所示的对话框，就可以对行距进行设置，此外还可以设置段前间距和段后间距。设置行距为1.5 倍间距，段前间距为1磅，然后单击"确定"按钮。

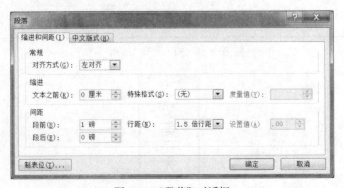

图 5-21　"段落"对话框

（3）设置演示文稿中第三张幻灯片的项目符号。

选中第三张幻灯片添加一个文本框，输入文字内容"常青交大、叶落交大、缤纷交大、沉淀交大"，然后修改文字：字号为 36；字体为微软雅黑；行距为双倍行距。用鼠标单击右键，在弹出的快捷菜单中选择"项目符号和编号"命令，在打开的对话框中选择需要的符号，如图 5-22 所示。如果没有用户需要的符号，可以单击"自定义"按钮，在弹出的对话框中任意选择需要的图形，然后单击"确定"按钮，如图 5-23 所示。设置后的效果如图 5-24 所示。

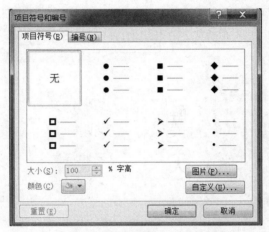

图 5-22　"项目符号和编号"对话框

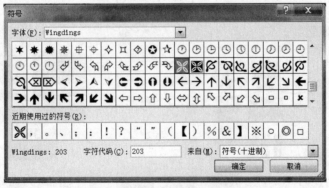

图 5-23　自定义符号

图 5-24　设置项目符号后的效果

步骤 3：将文本框中的内容转换为 SmartArt 图形。

仍然选中第三张幻灯片文本框，单击"开始"菜单中"段落"选项组中的"转换为 SmartArt 图形"命令，如图 5-25 所示，单击该项命令后出现的对话框如图 5-26 所示；根据需要选择图形，如选中"垂直图片重点列表"，根据提示修改其颜色和效果为彩色范围-强调文字颜色 5-6、卡通效果，如图 5-27 所示。这时会看见每一项中有一个图标，单击图标可以添加合适的图片，添加图片后的效果如图 5-28 所示。

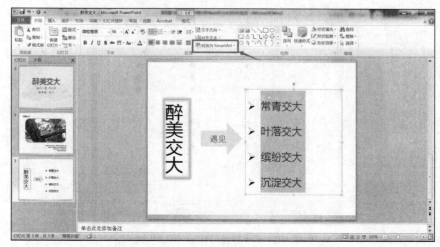

图 5-25　单击"转换为 SmartArt 图形"命令

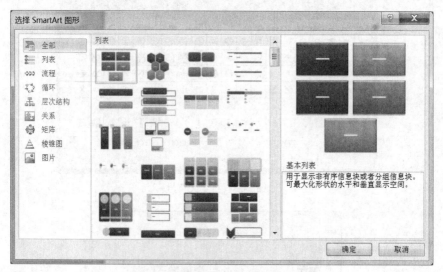

图 5-26　"转换为 SmartArt 图形"对话框

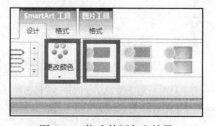

图 5-27　修改其颜色和效果

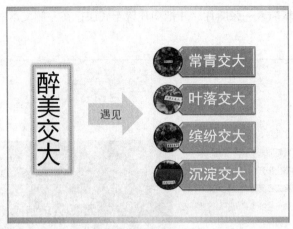

图 5-28　添加图片效果

步骤 4：保存所做的操作。

📖 知识要点：处理文本的方法

处理文本的基本方法包括添加文本、编辑文本、设置文本格式。

1. 添加文本

（1）在占位符中添加文本

使用自动版式创建的新幻灯片中，有一些虚线方框，它们是各种对象（如幻灯片标题、文本、图表、表格、组织结构图和剪贴画）的占位符，用户可在幻灯片标题和文本的占位符内，添加文字内容。在占位符中添加文本，我们在创建前面的演示文稿时已经介绍过，这里不再赘述。

（2）通过文本框添加文本

如果希望自己设置幻灯片的布局，在创建新幻灯片时选择了空白幻灯片，或者要在幻灯片的占位符之外添加文本，可以单击"开始"→"绘图"→"文本框"/"垂直文本框"命令添加文本框。

（3）在自选图形中添加文本

使用"绘图"选项组中的按钮可以绘制和插入图形。用户可根据需要选择绘制线条、矩形、基本形状、箭头、流程图、星与旗帜以及标注等不同类型的图形。

2. 编辑文本

文字处理的基本编辑技术是删除、复制和移动等操作，用户在进行这些操作之前，必须先选中所要编辑的文本。有关文本的复制、删除、移动，查找与替换，撤销与重做等内容，在介绍文字处理软件、表格处理软件时均有介绍，在此不再赘述。

3. 设置文本格式

在 PowerPoint 中，可以为文本设置各种属性，如字体、字号、字形、颜色和阴影等，或者设置项目符号，使文本看起来更有条理、更整齐。给段落设置对齐方式、段落行距和间距可使文本看起来更错落有致。还可以给文本框设置不同效果，在"开始"菜单中找到"绘图"，选中需要设置的文本框，根据形状填充、形状轮廓和形状效果对选中的文本框进行修改。

在演示文稿中，除了可以设置字符的格式外，还可以设置段落的格式、段落的对齐方式、段落缩进和行距调整等。

步骤 5：在"醉美交大"中插入图片和图表。

（1）定位到第三张幻灯片后面，插入一张新幻灯片，版式为"内容与标题"。在标题区域输入

"常青交大";在下方区域插入一张图片，并把图片置于底层；在左侧文本框中输入文字，效果如图 5-29 所示。

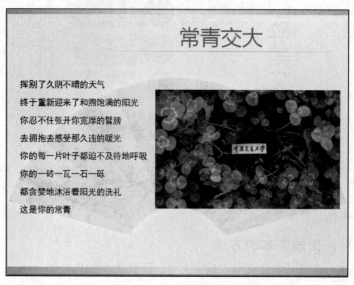

图 5-29　在幻灯片中插入图片

下面具体讲一下图片的插入。单击"插入"菜单中的"图片"按钮，或者将鼠标指针放在内容区域，直接单击内容区域中的图标，可打开"插入图片"对话框，选择图片插入，这时图片便插入到当前的幻灯片中。调节相应的控制点将幻灯片调整到合适的高度，这时如果图片遮盖了文字内容，可以在该图片上单击右键，在弹出的快捷菜单中选择"叠放次序"中的"置于底层"命令。

（2）定位到第四张幻灯片后面，插入一张新幻灯片，版式为"内容与标题"。可调整占位符的位置，在标题区域内输入"叶落交大"；在下方区域插入一张图片，并把图片置于底层；在右侧文本框中输入文字，效果如图 5-30 所示。

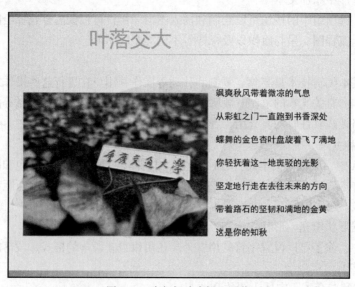

图 5-30　在幻灯片中插入图片

（3）定位到第五张幻灯片后面，插入一张新幻灯片，版式为"标题和内容"。在标题区域内输入"听叶落的声音——春风十里"，并设置字体、字号及颜色；在下方区域单击插入媒体剪辑，将弹出"插入视频文件"对话框，选择已准备好的音频素材插入幻灯片，会看到一个喇叭图标；单击"插入"→"图片"命令插入一张图片，效果如图 5-31 所示。

图 5-31　在幻灯片中插入音频

选中喇叭图标，在"音频工具"功能区可以设置音频播放的相关信息，还可以剪裁音频，如图 5-32 所示。

图 5-32　设置音频播放的相关信息

（4）定位到第六张幻灯片后面，插入一张新幻灯片，版式为"比较"。在标题区域内输入"缤纷交大"，并设置字体、字号及颜色；在下方两块区域分别插入图片，分别设置图片样式为"柔化边缘矩形"和"居中矩形阴影"，并把图片置于底层；在左右两侧输入文字，效果如图 5-33 所示。

图 5-33　在幻灯片中插入图片

（5）定位到第七张幻灯片后面，插入一张新幻灯片，版式为"标题和内容"。在标题区域内输入"看缤纷的世界——春风十里"，并设置字体、字号及颜色；在下方区域单击插入媒体剪辑，弹出"插入视频文件"对话框，选择已准备好的视频素材插入幻灯片。

（6）在第八张幻灯片后插入一张新的幻灯片，版式选择"标题和内容"。下面介绍如何插入图表。在标题区域输入"沉淀交大"。利用"插入"菜单中的"图表"命令或者将鼠标指针放在内容区域，直接单击内容区域中的图标，打开"插入图表"对话框，如图 5-34 所示，选择合适的图表类型，如"簇状柱形图"，单击"确定"按钮。插入该图表的同时 PowerPoint 2010 的界面右侧会产生一个 Excel 表格，根据需要输入横轴和纵轴的类别以及相应的数值后，关闭 Excel 表格即可。效果如图 5-35 所示。

图 5-34　插入簇状柱形图

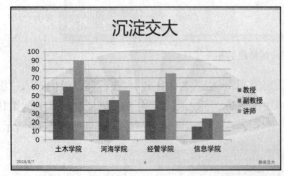

图 5-35　根据实际数值编辑插入的图表

（7）定位到第九张幻灯片后面，插入一张新幻灯片，版式为"标题和内容"。在标题区域内输入"醉美交大"。在下方区域插入一张图片，继续插入剩下三张图片。将这张新幻灯片作为该演示文稿的最后一张总结性幻灯片，效果如图 5-36 所示。

步骤 6：保存上述所做的操作。

📖 知识要点：插入对象

幻灯片中的对象包含很多种类，如图片、图形、剪贴画、表格、图表、自选图形、声音、影片等。其中的绝大部分对象都有相应的版式对应。用户只需要选择相应的版式，然后按提示操作就可以了。

图 5-36　插入一张新幻灯片

步骤 7：在"醉美交大"中进行背景格式的重新设置。

需要说明的是，在设置幻灯片的背景色时，由于一般都选择了相应的模板，设置的背景色可能会被模板的颜色所遮盖，这时就需要在"设置背景格式"对话框的"填充"选项卡中勾选将"隐藏背景图形"复选框。

（1）在幻灯片页面上单击右键，从弹出的快捷菜单中选择"设置背景格式"命令，打开该对话框，切换至"填充"选项卡，如图 5-37 所示，根据需要进行填充内容的设置。

图 5-37　"设置背景格式"对话框

（2）在"填充"选项卡中可以看到"隐藏背景图形"选项，选中该选项则可以忽略所选背景的母版图形。

（3）也可以通过"设计"菜单中"背景"选项组中的命令更改背景样式，或者设置背景格式，如图 5-38 所示。

图 5-38　"背景"选项组

步骤8: 在"醉美交大.pptx"中添加页眉和页脚。

设定演示文稿的页眉和页脚,要求:幻灯片显示固定日期;在除首页外的幻灯片上显示幻灯片的编号;页脚处要显示"醉美交大"字样,并应用于所有的幻灯片。

方法为:定位到任意一张幻灯片,选择"插入"菜单下的"页眉和页脚"选项,在"页眉和页脚"对话框中,选中"日期和时间"复选框,并选择自动更新时间;如果想给幻灯片添加编号,可选中"幻灯片编号"复选框,这样就可以在幻灯片上添加编号,选中"标题幻灯片中不显示"复选框,这样可使第一张标题幻灯片不显示编号;选中"页脚"复选框,并在"页脚"文本框中输入"醉美交大"字样,这样每页幻灯片都会显示页脚"醉美交大",如图 5-39 所示;如果希望每页都显示日期、文本和编号,就单击"全部应用"按钮,将设置应用于该演示文稿中的所有幻灯片,设置后的效果如图 5-40 所示。

图 5-39 "页眉和页脚"对话框

图 5-40 插入页眉和页脚的效果

步骤 9：在"醉美交大"中对已插入的图片进行优化。

（1）完成图片的截取和裁剪。在 PowerPoint 中打开需要插入图片的演示文稿，单击"插入"菜单中的"屏幕截图"按钮，弹出一个下拉菜单，在此我们可以看到屏幕上所有已开启的窗口缩略图。

单击其中某个窗口缩略图，即可对该窗口进行截图并将其自动插入文档中。如果想截取桌面某一部分的图片，可以单击下拉菜单中的"屏幕剪辑"按钮，随后 PowerPoint 文档窗口会自动最小化，此时鼠标指针变成一个"+"字，在屏幕上拖动鼠标指针就可以进行手动截图了。

截图虽然可以直接在演示文档中使用，但是为了显示好的效果，也可以把图片的一部分裁剪掉。单击"图片工具"中的"裁剪"命令，随后可以看到图片边缘已被框选，使用鼠标拖动任意边框，即可将图片不需要的部分裁剪掉，最后的效果如图 5-41 所示。

图 5-41　裁剪图片后的效果

（2）去除所选图片的背景。选择第六张幻灯片，单击图片，然后单击"图片工具"中的"删除背景"按钮，进入图像编辑界面，此时可看到需要删除背景的图像中多出了一个矩形框，通过移动这个矩形框来调整图像中需保留的区域，如图 5-42 所示。保留区域选定后，单击"保留更改"按钮，这样图像中的背景就被自动删除了，效果如图 5-43 所示。

图 5-42　"删除背景"操作过程

图 5-43 "删除背景"效果图

特别提示：PowerPoint 2010 提供的"删除背景"功能只是一个傻瓜式的背景删除功能，没有颜色编辑和调节功能，因此去除背景的效果一般都不会太好，尤其是对于复杂的图片背景，是无法一次性去除的。

（3）为插入的图片添加艺术效果。首先单击第六张幻灯片中的图片，工具栏中出现"图片工具"项，选择"艺术效果"下拉列表，在打开的多个艺术效果列表中我们可以对图片应用不同的艺术效果，使其看起来更像素描、线条图形、粉笔素描、绘图或绘画作品。随后单击"图片样式"，在该样式列表中选择一种类型，如"画图刷"。图 5-44 所示是背景删除并添加投影的效果图。

图 5-44 背景删除并添加"画图刷"投影

此外，还可以根据需要对照片进行颜色、图片边框、图片版式等项目的设置。

（4）保存上述所做的操作。

使用 PowerPoint 可以制作一些带有个性化的幻灯片，如设计幻灯片背景格式、设置幻灯片的页眉和页脚等。

📖 知识要点：制作个性化的幻灯片

1. 设计背景格式

通过更改幻灯片的颜色、阴影、图案或者纹理，改变幻灯片的背景格式。当然用户也可以使用图片作为幻灯片的背景，不过在幻灯片或者母版上只能使用一种背景类型。

2. 幻灯片页眉/页脚的设置

页眉是指幻灯片文本内容上方的信息，页脚是指在幻灯片文本内容下方的信息，用户可以利用页眉和页脚来为每张幻灯片添加日期、时间、编号和页码等。

3. 对图片进行优化编辑

用户可以直接使用图片的编辑、美化功能，更加方便、快捷地制作出个性化的演示文稿。

（1）屏幕图片的截取、裁剪

利用 PowerPoint 的屏幕截图功能，即可轻松截取、导入桌面图片。

（2）去除图片背景

如果插入的幻灯片中的图片背景和幻灯片的整体风格不统一，可能会影响幻灯片播放的效果，这时可以对图片进行调整，去除图片的背景。

（3）添加艺术特效，让图片更个性

如果添加到幻灯片中的图片，按照统一尺寸摆放在文档中，可能会让人感觉中庸、不显个性，也不会引起他人的注意。PowerPoint 中增加了很多艺术样式和版式，使用这些艺术样式和版式可以非常方便地打造一张张有个性的图片。

5.2.3 实训

【实训 5.2】 简单演示文稿的制作（二）。

在"人文交大"演示文稿中进行文字和段落的编排。

实训目标：通过实训，能运用 PowerPoint 进行文字和段落的编排。

实训要求如下。

打开实训 5.1 中制作的"人文交大"演示文稿，进行如下操作。

（1）设置第一张幻灯片的大标题文字格式为华文仿宋、96 号字、白色；副标题为华文仿宋、20 号字。

（2）设置第二张幻灯片的内容区域的段落格式为左对齐；段前、段后分别为 7 磅和 10 磅。

（3）对第二张幻灯片再次运用"转换为 SmartArt 图形"命令，将其效果设为：垂直图片重点列表、彩色填充-强调文字效果 1、白色轮廓。最终的效果如图 5-45 所示。

图 5-45 "人文交大"效果图 2

【**实训5.3**】 简单演示文稿的制作（三）。

在"人文交大"演示文稿中进行版式的设置及对象的编辑。

实训目标：通过本实训，能熟练应用幻灯片的各种版式，如在幻灯片中插入图片、对图片进行各种操作等。

实训要求如下。

打开"人文交大"演示文稿，进行如下操作。

（1）在第三张幻灯片后面插入一张幻灯片，幻灯片的版式为"只有标题"。

（2）在标题栏中输入标题内容后，根据标题内容插入有关图片，效果如图5-46所示。

（3）保存文稿。

图5-46 "人文交大"效果图3

【**实训5.4**】 简单演示文稿的制作（四）。

在"人文交大"中进行背景设置、页眉和页脚的设置，并对图片进行优化。

实训目标：通过本实训，熟练掌握对幻灯片背景、页眉和页脚的设置方法。

实训要求如下。

（1）设置演示文稿的页眉和页脚，要求：显示幻灯片的放映日期，在除首页外的幻灯片上显示幻灯片的编号，页脚处要显示"人文交大"字样，并应用于所有幻灯片。

（2）在第四张幻灯片后插入一张新的幻灯片，版式为空白，并插入一张"双福"的图片。

（3）按照前面介绍的图片优化方法，对该图片进行优化处理。

（4）保存修改后的演示文稿。

至此，演示文稿的内容部分已经添加完成。最后不要忘记加上结束页，效果如图5-47所示。

图5-47 "人文交大"效果图4

5.3　演示文稿的动画与链接

在PowerPoint中，可以使用"动画"菜单为幻灯片添加任意动画效果，并且可以自定义动画效果。

5.3.1　实验目的

（1）掌握演示文稿简单动画的设置方法。

（2）掌握建立超级链接的方法。

（3）掌握幻灯片的放映方式。

5.3.2　实验内容与操作步骤

【实例 5.4】　　设置"醉美交大"演示文稿的动画与链接，效果如图 5-48 所示。

图 5-48　"醉美交大"效果图

操作步骤如下。

步骤 1：设置"醉美交大"第七张幻灯片中两张图片的动画效果。

（1）打开实例 5.2 中制作的"醉美交大"演示文稿，选择第七张幻灯片，单击菜单栏中的"动画"，用鼠标选择需要添加动画的图片，在"动画"选项组中选择"劈裂"效果，效果如图 5-49 所示。

图 5-49　设置"劈裂"动画效果

（2）选择第二张图片，再次添加动画效果。此时，如果在列出的效果中没有合适的，可以单击"动画"右下角处的下拉箭头，选择更多的动画效果。在此选择"轮子"效果，选择了进入效果后，单击右侧的向下箭头，则弹出对话框如图 5-50 所示，可以设置轮子的其他的效果。也可以单击"效果选项"，在图 5-51 所示的列表中设置轮子的效果，在这里我们选择"8 轮辐图案"选项。

图 5-50　设置动画效果

图 5-51　单击"效果选项"

（3）选择要添加多个动画效果的文本或对象，可在"高级动画"选项组中单击"添加动画"按钮，如果有多个对象需要设置相同的动画效果，在 PowerPoint 2010 中就可以使用"动画刷"，如图 5-52 所示。

（4）第一张图片我们设置了"劈裂"效果，同时还可以进行"计时"的设置，打开图 5-53 所示的对话框，即可设置触发的状态、延迟时间等内容。

图 5-52　高级动画及动画刷

图 5-53　设置计时效果

（5）同样地，可以再选择一张幻灯片进行相关对象的动画设置。

特别提示：幻灯片动画的设置不要泛滥，选择重点的进行设置即可。

（6）保存上述所做的操作。

📖 **知识要点：PowerPoint 的动画设置**

在 PowerPoint 中有以下 4 种不同类型的动画效果。

（1）"进入"效果。可以使对象从边缘飞入幻灯片或者跳入视图中。

（2）"退出"效果。包括使对象飞出幻灯片、从视图中消失或者从幻灯片旋出。

（3）"强调"效果。包括使对象缩小或放大、更改颜色或沿着中心旋转。

（4）动作路径。可以使对象上下移动、左右移动或者沿着星形或圆形图案移动。

步骤 2：设置"醉美交大"中第二张幻灯片的切换效果。

（1）选择第二张幻灯片，单击菜单栏中的"切换"选项，单击"切换"右下角的下拉三角，将显示图 5-54 所示的列表。切换效果分为细微型、华丽型和动态内容。

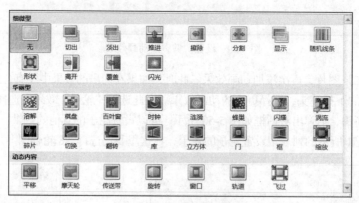
图 5-54　"切换"效果

（2）在"华丽型"中选择百叶窗，并在"计时"选项组中设置声音效果为"风铃，时间 02.00"。

（3）保存上述所做的修改。

📖 **知识要点：幻灯片切换**

幻灯片的切换是指从一张幻灯片变换到另一张幻灯片的过程，是向幻灯片添加视觉效果的另一种方式，也称为换页。而幻灯片的切换效果是在演示期间从一张幻灯片移到下一张幻灯片时出现的动画效果，我们可以控制切换效果的速度，可以为其添加声音，还可以对切换效果的属性进行自定义。

步骤 3：设置"醉美交大"中的超链接和动作按钮。

在播放演示文稿"醉美交大"时，单击第三张幻灯片时，就能直接转换到第七张幻灯片"缤纷交大"。

（1）在"醉美交大"中，选择第三张幻灯片，在"缤纷交大"文本框，单击"插入"，选择"超链接"，如图 5-55 所示，将弹出"编辑超链接"对话框。我们要链接的是本演示文稿中的第七张幻灯片，在"链接到"下面选择"本文档中的位置"，单击"屏幕提示"按钮，可以输入屏幕提示；在"请选择文档中的位置"下选择"7.缤纷交大"，再单击"确定"按钮就设置了超链接，如图 5-56 所示。

图 5-55　插入超链接

图 5-56　链接到第七张幻灯片

（2）用同样的方法可以设置从第七张幻灯片返回第三张幻灯片的超链接。

（3）在第二张幻灯片上插入一个"植物"小图片，在"插入"菜单栏中选择"链接"中的"动作"选项，如图 5-57 所示。将弹出"动作设置"对话框，如图 5-58 所示，选择"单击鼠标"选项卡，在"单击鼠标时的动作"区域选择"超链接到"单选按钮，并在其下拉列表中选择位置，这里我们选择"最后一张幻灯片"，如图 5-58 所示。选择"运行程序"单选按钮，可以通过单击"浏览"按钮找到某个程序的存放位置，使超链接到指定的程序。选择"无动作"单选按钮，可以取消动作设置。选择"播放声音"复选框，在其下拉列表中可以为动作选择某一声音，在执行动作的同时播放声音。

图 5-57　选择"动作"选项

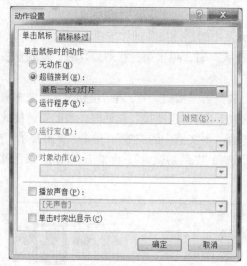

图 5-58　超链接到最后一张幻灯片

（4）保存上述所做的操作。

5.3.3　实训

【实训 5.5】　简单演示文稿的制作（五）。

对"人文交大"进行动画、超链接以及幻灯片切换设置。

实训目标： 通过本实训，能运用 PowerPoint 进行插入超链接练习。

实训要求如下。

打开"人文交大"演示文稿，进行如下操作。

（1）在第三张幻灯片中选择一张图片，将动作设置为单击鼠标时超链接到下一页幻灯片，在超链接的同时播放声音。

（2）为第四张幻灯片中的图片添加动画。

（3）设置第五张幻灯片的切换效果，切换效果为"溶解"、切换方式为"鼠标单击"、切换时的声音为"微风"。

（4）保存修改后的演示文稿。

5.4　演示文稿的放映与审阅

在 PowerPoint 2010 中，可以选择最为理想的放映速度与放映方式，使幻灯片放映时结构清晰、节奏明快、过程流畅。另外，在放映时还可以利用绘图笔在屏幕上随时进行标示或强调，使重点更为突出。

5.4.1　实验目的

（1）掌握幻灯片放映前的设置方法。

（2）熟练掌握控制幻灯片的放映过程。

（3）掌握审阅演示文稿的方法。

5.4.2 实验内容与操作步骤

【实例 5.5】 设置"醉美交大"演示文稿的放映，如图 5-59 所示。

图 5-59 "醉美交大"设置放映效果图

操作步骤如下。

步骤 1：使用"排练计时"功能排练"醉美交大"演示文稿的放映时间。

（1）启动 PowerPoint 2010 应用程序，打开"醉美交大"演示文稿。

（2）切换至"幻灯片放映"选项卡，在"设置"组中单击"排练计时"按钮，如图 5-60 所示。

图 5-60 "设置"组

（3）演示文稿将自动切换到幻灯片放映状态，效果如图 5-61 所示。与普通放映不同的是，在幻灯片左上角将显示"录制"对话框。

图 5-61 开始排练并打开"录制"对话框

（4）不断单击鼠标进行幻灯片的放映，此时"录制"对话框中的数据会不断更新。

（5）当最后一张幻灯片放映完毕后，将打开 Microsoft PowerPoint 对话框，该对话框显示了幻灯片播放的总时间，并询问用户是否保留该排练时间，单击"是"按钮，如图 5-62 所示。

图 5-62　提示信息框

（6）此时，演示文稿将切换到幻灯片浏览视图，从幻灯片浏览视图中可以看到每张幻灯片下方均显示了各自的排练时间，如图 5-63 所示。

图 5-63　显示排练时间

制作完演示文稿后，用户可以根据需要进行放映前的准备工作，如进行录制旁白、排练计时、设置放映的方式和类型、设置放映内容或调整幻灯片放映的顺序等。

📖 知识要点：幻灯片放映前的设置

在放映幻灯片之前，演讲者可以运用 PowerPoint 的"排练计时"功能来排练整个演示文稿放映的时间，以便对每张幻灯片的放映时间和整个演示文稿的总放映时间了然于胸。

步骤 2：设置放映方式。

PowerPoint 2010 提供了多种演示文稿的放映方式，最常用的是幻灯片页面的演示控制，主要有幻灯片的定时放映、连续放映及循环放映 3 种。

（1）定时放映。用户在设置幻灯片切换效果时，可以设置每张幻灯片在放映时停留的时间，当等待到设定的时间后，幻灯片将自动向下放映。

打开"切换"选项卡，如果在"计时"选项组中选中"单击鼠标时"复选框，则用户单击鼠标或按 Enter 键和空格键时，放映的演示文稿将切换到下一张幻灯片；如果选中"设置自动换片时间"复选框，并在其右侧的数值框中输入时间（时间为秒）后，则在演示文稿放映时，当幻灯片等待了设定的时间之后，将会自动切换到下一张幻灯片，如图 5-64 所示。

图 5-64　设置定时放映

（2）连续放映。在"切换"选项卡的"计时"选项组选中"设置自动换片时间"复选框，并为当前选定的幻灯片设置自动切换时间，再单击"全部应用"按钮，即可为演示文稿中的每张幻灯片设定相同的切换时间，从而实现幻灯片的连续自动放映。

需要注意的是，由于每张幻灯片的内容不同，放映的时间可能不同，所以设置连续放映的常见方法是通过"排练计时"功能完成。

（3）循环放映。用户将制作好的演示文稿设置为循环放映，可以应用到展览会场的展台等场合，让演示文稿自动运行并循环播放。

打开"幻灯片放映"选项卡，在"设置"选项组中单击"设置幻灯片放映"按钮，打开"设置放映方式"对话框，如图 5-65 所示。在"放映选项"区域中选中"循环放映，按 Esc 键终止"复选框，则在播放完最后一张幻灯片后，会自动跳转到第一张幻灯片，而不是结束放映，直到用户按 Esc 键退出放映状态。

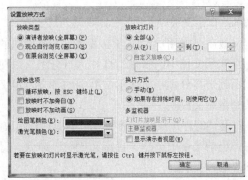

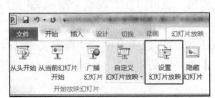

图 5-65 打开"设置放映方式"对话框

在"放映选项"区域中选中"放映时不加旁白"复选框，可以设置在幻灯片放映时不播放录制的旁白；选中"放映时不加动画"复选框，可以设置在幻灯片放映时不显示动画效果。

步骤 3：设置放映类型。

在"设置放映方式"对话框的"放映类型"区域中可以设置幻灯片的放映模式。

（1）"演讲者放映"模式（即全屏幕）：该模式是系统默认的放映类型，也是最常见的全屏放映方式。在这种放映方式下，演讲者现场控制演示节奏，具有放映的完全控制权。用户可以根据观众的反应随时调整放映速度或节奏，还可以暂停下来进行讨论或记录观众的反应，甚至可以在放映过程中录制旁白。一般用于召开会议时的大屏幕放映、联机会议或网络广播等。

（2）"观众自行浏览"模式（即窗口）："观众自行浏览"是在标准 Windows 窗口中显示的放映形式，放映时的 PowerPoint 窗口具有菜单栏、工具栏，类似于浏览网页的效果便于观众自行浏览，如图 5-66 所示。使用该放映类型时，用户可以在放映时复制、编辑及打印幻灯片，并可以使用滚动条或 Page Up/Page Dn 键控制幻灯片的播放。该放映类型常用于在局域网或 Internet 中浏览演示文稿。

图 5-66 观众自行浏览窗口

（3）"展台浏览"模式（即全屏幕）：采用该放映类型，最主要的特点是不需要专人控制就可以自动运行。在使用该放映类型时，如超链接等的控制方法都会失效。当播放完最后一张幻灯片后，会自动从第一张幻灯片开始重新播放，直至用户按 Esc 键才会停止播放。该放映类型主要用于展览会的展台或会议中某些需要自动演示的场合。

使用"展台浏览"模式放映演示文稿时，用户不能对其放映过程进行干预，所以必须设置每张幻灯片的放映时间，或者预先设定演示文稿排练计时，否则可能会长时间停留在某张幻灯片上。

步骤 4： 自定义放映。

自定义放映是指用户可以自定义演示文稿放映的张数，使一个演示文稿适用于多个观众，即可以将一个演示文稿中的多张幻灯片进行分组，以便为特定的观众放映演示文稿中的特定部分。用户可以用超链接分别指向演示文稿中的各个自定义放映，也可以在放映整个演示文稿时只放映其中的某个自定义放映。

（1）打开"幻灯片放映"选项卡，单击"开始放映幻灯片"选项组中的"自定义幻灯片放映"按钮，在弹出的菜单中选择"自定义放映"命令，打开"自定义放映"对话框，单击"新建"按钮，如图 5-67 所示。

图 5-67 "自定义放映"对话框

（2）打开"定义自定义放映"对话框，在"幻灯片放映名称"文本框中输入文字"醉美交大"，在"在演示文稿中的幻灯片"列表中选择第一张和第三张幻灯片，然后单击"添加"按钮，将两张幻灯片添加到"在自定义放映中的幻灯片"列表中，如图 5-68 所示。

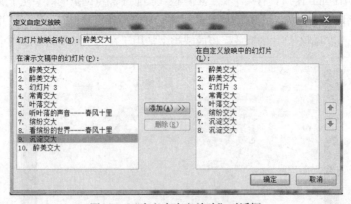

图 5-68 "定义自定义放映"对话框

（3）单击"确定"按钮，返回至"自定义放映"对话框，这时即可在"自定义放映"列表中看到刚刚创建的放映，单击"关闭"按钮，如图 5-69 所示。

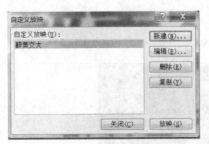

图 5-69 显示创建的自定义放映

（4）在"幻灯片放映"选项卡的"设置"选项组中单击"设置幻灯片放映"按钮，打开"设置放映方式"对话框，在"放映幻灯片"区域选中"自定义放映"单选按钮，然后在其下方的下拉列表框中选择需要放映的自定义放映，选择完毕单击"确定"按钮，如图 5-70 所示。

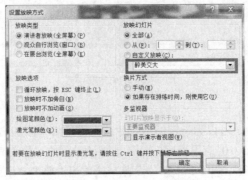

图 5-70 设置自定义放映方式

（5）按 F5 键时，将会自动播放自定义放映的幻灯片。

（6）保存上述所做的操作。

步骤 5：幻灯片缩略图放映。

幻灯片缩略图放映是指可以让 PowerPoint 在屏幕的左上角显示幻灯片的缩略图，从而方便用户在编辑时预览幻灯片效果。

（1）启动 PowerPoint 2010 应用程序，打开排练计时后的"醉美交大"演示文稿。

（2）打开"幻灯片放映"选项卡，在"开始放映幻灯片"组中，按住 Ctrl 键，同时单击"从当前幻灯片开始"按钮，即可进入幻灯片缩略图放映模式，屏幕效果如图 5-71 所示。

图 5-71 演示文稿在屏幕左上角放映

（3）在放映区域自动放映幻灯片中的对象动画。放映结束后，出现图 5-72 所示的屏幕，再次单击可以退出缩略图放映模式。

图 5-72　结束放映模式

步骤 6：录制语音旁白。

在 PowerPoint 2010 中，可以为指定的幻灯片或全部幻灯片添加语音旁白。

（1）启动 PowerPoint 2010 应用程序，打开排练计时后的"醉美交大"演示文稿。

（2）打开"幻灯片放映"选项卡，在"设置"选项组中单击"录制幻灯片演示"按钮，从弹出的菜单中选择"从头开始录制"命令，打开"录制幻灯片演示"对话框，保持默认设置不变，单击"开始录制"按钮，如图 5-73 所示。

（3）进入幻灯片放映状态，同时开始录制旁白，同时在打开的"录制"对话框中显示录制时间，如图 5-74 所示。如果是第一次录音，用户可以根据需要自行调节麦克风的声音和质量。

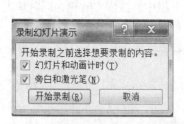

图 5-73　"录制幻灯片演示"对话框

图 5-74　开始录制旁白

（4）单击鼠标或按 Enter 键切换到下一张幻灯片。

（5）当旁白录制完成后，按 Esc 键即可。此时，演示文稿将切换到幻灯片浏览视图，在其中可查看录制的效果。

（6）单击"文件"按钮，在弹出的菜单中选择"另存为"命令，将演示文稿以"醉美交大（旁白）"为名进行保存。

PowerPoint 为用户提供了一个实用的工具——审阅功能，允许对演示文稿进行校验和翻译，甚至允许多个用户对演示文稿的内容进行编辑并标记编辑历史等。

【实例 5.6】　设置"醉美交大"演示文稿的审阅效果，如图 5-75 所示。

图 5-75　设置"醉美交大"演示文稿的审阅效果

审阅功能的作用是校验演示文稿中使用的文本内容是否符合语法。它可以将演示文稿中的词汇与 PowerPoint 自带的词汇进行比较，查找出使用错误的词汇。

操作步骤如下。

（1）启动 PowerPoint 2010 应用程序，打开"醉美交大"演示文稿，将第二张幻灯片中的小诗翻译成英文，如图 5-76 所示。

图 5-76　将小诗翻译成英文

（2）打开"审阅"选项卡，在"校对"组中单击"拼写检查"按钮，打开"拼写检查"对话框，如图 5-77 所示，自动校验演示文稿，并检测所有文本中的不符合词典的单词。

（3）在"不在词典中"文本框中会显示不符合词典的单词，同时在"建议"列表框中为用户提供更改的建议，单击"更改"按钮，如图 5-77 所示。

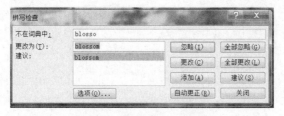

图 5-77　"拼写检查"对话框

（4）检测完毕后，会自动打开 PowerPoint 提示框，提示用户拼写检查结束，单击"确定"按钮。

（5）完成拼写检查并更改后的幻灯片效果如图 5-78 所示。按 Ctrl+S 组合键保存演示文稿。

图 5-78　审阅效果

5.4.3　实训

【实训 5.6】　简单演示文稿的制作（六）。

对"人文交大"演示文稿进行放映与审阅设置。

实训目标：通过本实训，能运用 PowerPoint 进行放映与审阅练习。

实训要求如下。

打开"人文交大"演示文稿，进行如下操作。

（1）在第三张幻灯片中录制旁白。

（2）将"人文交大"设置为自定义放映方式。

（3）为"人文交大"演示文稿设置审阅效果。

（4）保存修改后的演示文稿。